日本の真の国防4条件

著　矢野義昭

日本の真の国防は左記の４条件です。

1. 核ミサイル搭載原子力潜水艦を自国で保有する事。
2. 尖閣諸島に自衛隊が常時駐屯する事。
3. 自衛隊予備自衛官、予備自衛官補を増強する事。
4. 軍事産業を振興し、武器輸出を拡大する事。

巻頭言

雑誌『正論』に、一般社団法人真正日本の会代表理事の私・林弘明と、元陸将補で日本安全保障フォーラム会長の矢野義昭氏とで、前頁で紹介した意見広告を出した。

この意見広告の反応は、なかなかに上々であった。

私は矢野氏と違い、軍事とは縁遠い人生を歩んできた。経済活動を通じて人並みの社会貢献をしてきたつもりであったが、75歳となってみて、自分の健康寿命と孫の世代の日本の将来をふと見つめ直し、余生をさらに直接的に世のため、人のため、ひいては孫のために出来ることは何だろうかと自分に問いただし、日本の安全保障・国防にかけることにした。

我が国の防衛力と防衛体制の現状について、私は常々「これで大丈夫なのか」との疑念を持っていた。例えば、米国の核の傘にほころびが見られるにもかかわらず、非核三原則を金科玉条のごとく扱っていること。我が国独自の核戦略体系の保有については、議論すらタブー視されている。

世は正に、戦国乱世の様子を呈している。米国の影響力が低下して世界的な秩序崩壊がもたらされている中で、

二〇二五年二月
一般社団法人真正日本の会代表理事
一般社団法人尖閣諸島海域保全機構代表理事
林弘明

欧州ではウクライナ戦争、中東ではハマス・イスラエル戦争が勃発。台湾海峡、南シナ海においても中国による侵犯事案等が多発し、一触即発状態になっている。

日本を取り巻く安全保障環境も、年々悪化している。既に米国からの来援が期待できなくなっている中で、自立した国防力は日本が生き残るための必須条件である。

さらに私は、「国防は自衛隊に任せておけばよい」問題ではないと思っている。その国の国民が自らの国を守る気概を持たない国を、本当に同盟国は救おうと思うだろうか。日本を守るのは、日本国民自身であり、それは日本国民として生まれたがゆえの責務でもあろう。

これは古今東西、政治体制や価値観を問わない共通の真理である。国民が劣化し、奢侈贅沢に流れて国を守る気概を失い、柔弱となり軍務を忌避するようになれば、国が亡びることは、万古不易の歴史の教訓である。私は日常の事業を通じて、人々の気概が段々と柔弱になってきていることを痛感している。

安全保障環境の厳しさに、日本国民の国防意識の薄さ。この二つを考慮すれば、日本は今、正に亡国一歩手前の危機的状況に追い込まれていると言って過言ではない。

そんな危機感を募らせる中で、矢野氏と出会い、氏の考えに強く賛同するようになった。私は日本国民の国防意識の低調さを改め、日本の危機を回避するには、軍事専門家による警世の書を発刊し、広く普及するのが早道であろうと考えていた。そこで矢野氏に執筆を強く勧め、本書が生まれた。これが、矢野氏を差し置いて私が巻頭言を著した経緯である。「普通の人」である一般市民の中には、冒頭に掲げた4条件に対し賛同できない人も少なくないだろう。特に〝核ミサイル〟といった単語を聞いただけで、反射的に拒否反応を示す人もいるはずだ。

私の経験上、特に強くこの4条件に反対する人たちには、次の4パターンに大別できる。それが「中国からの洗脳作戦にハマってしまった人」「戦後のGHQの洗脳から抜け出せていない人」「日本の特定政党の党利党略に協力している人」「純粋な平和愛好家・平和主義者」だ。

「純粋な平和愛好家・平和主義者」の人たちは、「自分が武器を持つから敵を作り、敵から攻められるのであり、日本国憲法を順守して武器・武力を持たなければ誰も攻めてこない」と本気で信じている。

本音を言えば、私自身も愛と平和に満ち溢れた日本国憲法は大好きだ。しかし、現実世界に目を向けてみると、理解の埒外にある邪悪な専制独裁者が実在している。そしてその専制独裁者は、日本のすぐそばにいるのである。

ぜひ「普通の人」ほど、先入観を持たずに本書をよく読み、「本当に日本は今のままでいいのか」と問うてみてほしい。その上で「やはり日本国憲法は正しい。平和はこれで守られる」と思う人たちは、その信念に基づいて生きていけばよいと思う。ただし、誠に失礼ながら、私自身はそうした人たちを「ロマンチストな幻想平和主義者」と呼びたい。

本書が、より多くの方々に読まれ、さまざまな場で国防意識啓発のために役立てられることを願っている。そのことが、迫りくる日本の危機を未然に防ぎ、万一の時にも危機を乗り切るために、いささかなりとも寄与できれば、これに勝る喜びはない。

目次

1. 武器輸出の事実上の禁輸に至る経緯とその後の一部緩和措置
2. 見直しの必要性とその法的根拠に関する分析
3. 新たな『防衛装備移転三原則』の意義
4. 武器輸出の効用
5. 各国の武器輸出の実績と今後の我が国の可能性

序章　「日本の真の国防４条件」とは

二〇二二年十二月、「国家安全保障戦略」、「国家防衛戦略」、「防衛力整備計画」から成る安保三文書が閣議決定された。安保三文書は、日本の外交・防衛政策の基本方針である。三文書の基礎となる「国家安全保障戦略」の「Ⅳ2（2）我が国の防衛体制の強化」の項では、「我が国への侵攻を抑止する上で鍵になるのは、スタンド・オフ防衛能力等を活用した反撃能力である」と明記され、極超音速兵器等の脅威が指摘されている。

また、防衛力整備の時期的な目標は「二〇二七年度」と掲げられた。同年には、「防衛力の抜本的強化とそれを補完する取組をあわせ、そのための予算水準が現在の国内総生産（GDP）の二パーセントに達するよう、所要の措置を講ずる」とされている。

第一節　安保三文書の評価

本書の問題意識の根底には、安保三文書に対する評価がある。まず、安保三文書の評価されるべき側面と不十分と考える側面について、ウクライナ戦争などの教訓も考慮しつつ、主として防衛、軍事の観点から述べる。

安保三文書の評価されるべき側面

1．予算措置に裏付けられた、総合的で一貫した安保三文書の策定

これら三文書の方針は単に一貫しているだけではなく、国家戦略次元の基本方針を具体化し、予算措置に裏付けられた個々の装備の研究開発・配備に至る措置を明記している。この実効性は高く評価されるべきである。

予算措置については、「国家安全保障戦略」の「防衛力の抜本的強化」のための施策として、「必要とされる防衛力の内容を積み上げた上で、同盟国・同志国等との連携を踏まえ、国際比較のための指標も考慮し、我が国自身の判断として、二〇二七年度において、防衛力の抜本的強化とそれを補完する取組をあわせ、そのための予算水準が現在の国内総生産（GDP）の二％に達するよう、所要の措置を講ずる」と明記されている。

米国の要求に応じて、このような予算増額措置がとられたとする見方は、「我が国の判断として」との一文があるように、正確ではない。そのような側面もあるかもしれないが、あくまでも「我が国自身の国益に基づく、主体的判断の結果による措置」とみるべきであろう。

今後積み上げられた防衛費が、どのように使われるかにより、我が国の主体性は問われることになる。後述する現在の防衛生産・技術基盤強化策からみる限り、我が国独自の基盤強化に重点が置かれていることは明らかである。

また、国家防衛戦略の分析過程において、戦略、作戦の将来趨勢を見通し、それに適合した将来の装備体系のあり方を総合的に考察している点も評価できる。ただし、その手法については、後述するように、戦略としての実効性に問題がある。

2．リアリズムに立脚した所要防衛力の抜本的強化方針への転換

「国家防衛戦略」にもあるように、一九七六年の「防衛計画の大綱について」の策定以降、「我が国が防衛力を保持する意義は、特定の脅威に対抗するというよりも、我が国自らが力の空白となって我が国周辺地域における

不安定要因にならない」ことにあるとされてきた。

当時は当面有事が生起する可能性は低く、万一生起したとしても即時の米軍来援が期待できるとの前提に立っていた。そのため自衛隊は有事に防衛力を拡大できる基盤的防衛力を保持していれば十分との考え方、いわゆる、「防衛力の存在自体による抑止効果を重視」した「基盤的防衛力構想」に基づく防衛力整備も行われてきた。ただし「厳しさを増す安全保障環境を現実のものとして見据え」、この基盤的防衛力構想は、二〇一三年の「平成二六年度以降に係る防衛計画の大綱について」において、明確に否定された。

この二〇一三年に第二次安倍内閣の下で策定された、我が国初の国家安全保障戦略では、「国際協調を旨とする積極的平和主義の下での平和安全法制の制定等により、安全保障上の事態に切れ目なく対応できる枠組み」が整えられた。

この「国家安全保障戦略」に基づく戦略的な指針と施策は、「その枠組みに基づき、我が国の安全保障に関する基本的な原則を維持しつつ、戦後の我が国の安全保障政策を実践面から大きく転換するものである」と明記され、戦後の安全保障政策の転換であるとの位置づけが明確に示されている。

その意味で、安保三文書は、安倍政治が目指した「戦後レジームからの脱却」を安全保障政策の面で実践した、歴史に残る画期的文書と言えよう。

さらに、安保三文書は、「力による現状変更やその試みは決して許さない」との立場に立ち、「今後の防衛力については、相手の能力と戦い方に着目して、防衛能力を抜本的に強化するとともに、新たな戦い方への対応を推進」するとの方針を明示している。

この方針転換は、一九五七年に決定された「国防の基本方針」の、「国力国情に応じ自衛のため必要な限度において、効率的な防衛力を漸進的に整備する」との、まず国力国情ありきの抑制方針や、基盤的防衛力論からの完全な決別を意味している。

すなわち、我が国の安全保障政策、防衛政策が、対象国の脅威を見据え、実効性のある所要防衛力を整備するとのリアリズムの立場に脱皮したことを意味している。これは戦後の安全保障政策の大きな転換として評価できる。

3. 明確に強化方針に転換した我が国の防衛産業基盤強化への取組み

政策転換においては、「我が国の防衛態勢の強化」策の要素として「いわば防衛力そのものとしての防衛生産・技術基盤の強化」が謳われている。具体的には、次の方針が示された。

「我が国の防衛生産・技術基盤は、自国での防衛装備品の研究開発・生産・調達の安定的な確保等のために不可欠な課題である。したがって、我が国の防衛生産・技術基盤は、いわば防衛力そのものと位置付けられるものであることから、その強化は不可欠である。

具体的には、力強く持続可能な防衛産業を構築するために、事業の魅力化を含む各種取組を政府横断的に進めるとともに、官民の先端技術研究の成果の防衛装備品の研究開発等への積極的な活用、新たな防衛装備品の研究開発のための態勢の強化等を進める」と述べられている。

特に、防衛生産・技術基盤は「防衛力そのもの」との位置づけを踏まえ、「新たな戦い方に必要な力強く持続可能な防衛産業の構築、種々なリスクへの対処、販路の拡大等に取り組んでいく。汎用品のサプライチェーン保護、民生先端技術の機微技術管理・情報保全等の政府全体の取組に関しては、防衛省が防衛目的上の措置を実施していくことに併せて、関係庁長官と取組と連携していく」

「防衛技術基盤の強化」については、冒頭で早期装備化実現の必要性に言及したのち、次のようにその方針事項を示している。

すなわち、「将来の戦い方を実現するための装備品を統合運用の観点から体系的に整理した統合装備体系」を踏まえ、「将来の戦い方に直結する、スタンド・オフ防衛能力、HGV（極超音速滑空体）等対処能力、ドローン・スウォーム攻撃等対処能力、無人アセット、次期戦闘機に関する取組、その他抑止力・対処力の強化の装備・技術分野に集中投資」の必要性を強調している。

現代の先端防衛装備品は、ほぼそのすべてが民生分野との両用品であることを鑑みれば、これら先端装備・技術分野への「集中投資」は、民生経済のけん引力ともなるであろう。いわゆる「失われた四十年」を取り戻し、力強い安定的な経済成長路線に我が国経済を乗せる、一つの大きな原動力となることも期待される。

さらに、「従来の装備品の能力向上等も含めた研究開発プロセスの効率化や新たな手法の導入により、研究開発に要する期間を短縮し早期装備化」について述べている。

具体的施策としては、「政策部門、運用部門、技術部門が一体となった体制で、将来の戦い方の検討と先端技術の活用に係る施策を推進する」との基本方針の下、具体的諸施策が列挙されている。

以上の安保三文書に明記された防衛生産・技術基盤強化施策は一貫しており、具体的に防衛省・自衛隊のみならず、関係省庁や民間防衛産業・企業まで積極的に組み入れて、国家総力を挙げて防衛産業基盤強化に取組もうとする施策が網羅されており、その点は高く評価できる。

4．総合国力の一環としての防衛力抜本強化策の明示

これまで我が国の防衛産業・研究開発基盤強化策は、自衛隊・防衛省内の施策が主であり、国を挙げた総合国力の一環としての防衛力強化策とは言えなかった。安保三文書は、これまでの制約を大きく踏み出した内容である。そのような国家総力を挙げた努力なしには、今後の危機的な日本の安全保障環境の中で、抑止力や対処力を維持できないとの、現状認識が前提としてある。

この認識は、「国家安全保障戦略」の冒頭の「策定の趣旨」の中において、自由で開かれた安定的な国際秩序が「パワーバランスの歴史的変化と地政学的競争の激化に伴い、今、重大な挑戦に晒されている」、「このような世界の歴史の転換期において、我が国は、戦後最も厳しく複雑な安全保障環境のただなかにある」と表現されている点にも表れている。

さらにここでは、「その中において、防衛力の抜本的強化を始めとして、最悪の事態をも見据えた備えを盤石なものとし、我が国の平和と安全、繁栄、国民の安全、国際社会との共存共栄を含む我が国の国益を守っていかねばならない」とする、国益の内容とそのための防衛力強化を始めとする備えの必要性も強調されている。

また、「国家防衛戦略」では、「政府内の縦割りを打破」し、「我が国の国力を結集した総合的な防衛体制を強化する」との方針が謳われている。これを受けて、例えば「武力攻撃事態における防衛大臣による海上保安庁の

統制要領」などの連携要領を確立し、宇宙研究開発機構を含めた宇宙空間での関係機関等の領域横断的分野での連携も挙げられている。

安保三文書において不十分と考える側面

しかし、以下の諸点については、未だ不十分と言わざるを得ない。

1．間に合うのか？

目標年度については、当面は二〇二七年度を、長期的には「おおむね十年後までに」という、中期と長期の目標年次が共通的に区切られている。これは、従来の「中期防衛力整備計画」と「長期防衛力整備計画」の対象年度を踏襲したものとみられる。

しかし、現在の国際情勢を踏まえると、二〇二七年度、あるいは「おおむね十年以内」という時間的目標で間に合うのか、それまでに日本有事や周辺事態が生起する可能性は無いのかという懸念を禁じ得ない。もし、対象年度までに有事が生起する可能性が高いとすれば、目標年度をさらに短縮しなければならない。

防衛計画体系上は、当該年度に有事が発生した場合、現有の防衛力で戦うとの前提の計画も保持されていると推測される。しかし、防衛能力の将来的な強化の措置を規定する「防衛力整備計画」では、予想より早く有事が生起した場合の対応としては間に合わない。

そのような危惧はどのような防衛計画にもありうるが、現在の国際情勢は、第二次大戦後かつてないほど緊張度が増している。

例えば、ウクライナ戦争の帰趨はロシア優位で推移しており、二〇二四年夏以来のロシア軍の大攻勢により東部ドンバスが占領され、場合によりハリコフやオデッサ、さらにはキエフまで攻略される可能性が高まっている。ウクライナ敗北の可能性は高い。

我が国は、パトリオットミサイルをライセンス国産して米国に移転し、あるいはウクライナ支援に過去二年間で一二一億ドルを支援するなど、ウクライナ側に立ってきた。

また、中ロは戦略的パートナーシップの関係にあり、ロシアが欧州正面で優勢になる。米欧がその対応に追われている間に、中国が北東アジアにおける力の空白を突いて、尖閣諸島、台湾海峡で武力行使をする可能性が高まっている。

他方で、中国国内経済は不動産バブルの崩壊、地方政府の財政赤字、高い失業率など克服しがたい困難を抱え、中国が「新常態」とも言われる低成長に移行することは避けがたい。その上、少子高齢化が加速し、習近平政権の強引な外国企業も含めた防諜法、国家安全維持法の施行、国外での技術窃取などの不法行為により、外国企業の撤退、資本と技術の流入停滞などが相次いでいる。

これらの内外の要因が複合し、今後軍事費も伸び率が低下し、軍事技術開発も停滞する可能性が高い。しかし、ここ数年以内であれば、過去の高成長期に蓄積した軍事能力を使い、日米台などが脅威感に目覚めて本格的に防衛能力を強化する前に、軍事力を使用し一気に既成事実を創れると考え、行動に移すかもしれない。

既に、二〇二〇年五月、インドが実効支配するシッキム州及びラダック州の実効支配線において、両軍部隊が展開し、双方に死者が出る事態が発生している。

にらみ合いはその後も続き、二〇二一年にはシッキム州で両軍の衝突が発生するなど、緊張状態は続いている。二〇二五年一月現在両軍は五万人から六万人規模の軍を展開し、対峙を続けている。

北東アジア周辺では、中国が核心的利益と位置付けている、台湾、尖閣諸島、南シナ海では中国と周辺国の紛争の可能性が高まっている。南シナ海では中比間で離島の領有権をめぐり、両国間で警備艇同士の衝突やフィリピン側に負傷者が発生し、放水銃の使用も起きている。

台湾海峡の中間線を越えた中国海空軍の常続的展開や尖閣諸島周辺海域に中国海警が常続的に展開し我が国の領海への侵犯事案も多発している。

二〇二三年十一月下旬、習近平中央軍事委員会主席は、軍指揮下の海警局に対し、沖縄県・尖閣諸島について「一ミリたりとも領土は譲らない。釣魚島（尖閣の中国名）の主権を守る闘争を不断に強化しなければならない」と述べ、領有権主張の活動増強を指示したことが分かった。これを受け海警局が、二〇二四年は毎日必ず尖閣周辺に艦船を派遣し、必要時には日本の漁船に立ち入り検査する計画を策定したことも判明したと報じられている（『産経新聞』二〇二三年十二月三十日）。

その後の尖閣諸島接続水域での中国海警の行動は、二〇二四年七月二四日に台風三号の接近で退避するまで、二一五日間にわたり継続した。

このことからも、中国側の尖閣諸島占拠への国家意志の堅固さが伺われる。グレーゾーンを突いた奇襲的な武装漁民の上陸、それに引き続く海警の尖閣封鎖と中国海空軍の出動といった事態は、二〇二五年春までにも起こり得るとみるべきであろう。

以上の兆候から見て、中国は核心的利益を守るためと称し、これら要域での武力行使にいつ出てもおかしくない態勢を既に作り上げていると言って過言ではない。

このような事態の切迫度に応じるためには、十年後の将来装備の研究開発・配備よりも、当面の戦いに備えた今使える装備、弾薬の増強を優先して行わねばならない。

2．生き残れるのか？

ウクライナ戦争では、開戦当初に奇襲的なミサイルの集中攻撃、ドローンを含む航空攻撃、それに並行してサイバー攻撃、電磁波攻撃もかけられた。そのために、ウクライナ空軍の戦闘機の多くが地上で撃破され、残存した戦闘機もポーランドなどに退避せざるを得なかった。

また、対空ミサイル基地、対空レーダ、滑走路、管制施設、武器庫・燃料タンク、通信設備、その他航空戦力発揮に必要な基盤も、その多くが破壊された。このため、開戦当初からウクライナ軍は常続的な航空劣勢、対空ミサイル戦力の不足に陥り、地上作戦の進展を妨げられている。

米国は、中国軍の対艦・対空・対地など各種ミサイルの能力は、ロシア軍の倍以上とみている。尖閣有事又は台湾有事からの波及といった事態でも、日本特に南西諸島の基地、空港・港湾、駐屯地、通信施設、弾薬庫・燃料施設などに対し、奇襲的なミサイルの大量集中攻撃がかけられる可能性は高い。

大量のドローンによる飽和攻撃、平時から連続したサイバー攻撃、電磁波戦、宇宙空間での戦い、特殊部隊の攻撃も同時に生起するとみられる。

このような予想される戦争様相から判断すれば、将来の戦いに備えるには、当初のミサイル等の奇襲に対して、部隊・兵員、通信指揮機能、弾薬・装備・燃料設備、滑走路・港湾などの防衛能力基盤の残存性を確保し、その後の防御・反撃・国土回復が可能な防衛能力を維持することが何よりも求められる。

戦力を発揮するには、反撃能力の保持は認めても、「専守防衛」を基本的な原則とし、先制攻撃を前提としない限り、敵の奇襲攻撃から残存することが何よりも戦力発揮の大前提となる。優れた将来装備を保有していても、緒戦の奇襲攻撃で制圧されたのでは、戦力発揮はできない。

米シンクタンクの戦略国際問題研究所（CSIS）の報告『次の戦争の最初の戦い』でも、自衛隊の航空戦力の損害の約九割が、出撃する前に当初のミサイル等の奇襲攻撃により地上で撃破されて生じると予測している。

この報告では、掩体などを強化することが前提とされている。それでもこれほどの損害が出ると見積もられており、平時からの残存性強化策が、どれほど重要かが如実に示されている。

「残存性」については、「国家防衛戦略」の「Ⅳ防衛力の抜本強化に当たって重視する能力」の項目のうち最後の7項目として、「持続性・強靭性」の中で、「有事において容易に作戦能力を喪失しないよう、主要司令部等の地下化や構造強化、施設の離隔距離を確保した再配置、集約化等を実施するとともに、隊舎・宿舎の直実な整備や老朽対策を行う。さらに、装備品の隠ぺい及び欺瞞等を図り、抗たん性を向上させる」と記述され、続く「V1」の末尾において、「持続性・強靭性については、一連の任務遂行を持続的に行うため、各自衛隊は、平素より弾薬・

装備及び可動装備品を必要数確保するとともに、能力発揮の基盤となる防衛施設の抗たん性を強化させる」と述べるにとどまっている。

このことは、ミサイル・航空攻撃・ドローンなどの開戦当初の奇襲攻撃に対する残存性確保の重要性に対する認識の薄さを物語っている。

「防衛力整備計画Ⅱ7」においても、「持続性・強靭性」に対する主要事業が列挙され、「弾薬等の整備、燃料等の確保、防衛装備品の可動率向上、施設整備」などの項目について、事業内容が列記されている。

しかしこの項目内でも、弾薬の量産、燃料確保、稼働率向上などの持続性についての事業が主であり、「強靭性」については、「施設整備」として、司令部等の地下化・構造強化・電磁パルス（ＥＭＰ）攻撃対策、戦闘機用分散パッド、アラート格納庫の掩体化、ライフライン多重化などの施策が挙げられているに過ぎない。

残存性がなければ、それ以降の戦争遂行能力はすべて奪われてしまう。残存性確保が戦力発揮の大前提であり、最優先で重視されるべき機能と言わねばならない。

ウクライナ戦争でも実証された、開戦当初のミサイル等の奇襲攻撃による航空機・ミサイル基地等の被害の深刻さ、オレシュニクなどの極超音速ミサイルや地下侵撤弾などの地下施設に対する破壊力の増大という現代戦の趨勢を見れば、「残存性」に対する施策がより重視され、「対核・対侵撤弾用シェルター整備」も含め、将来の脅威に備えた実効性のある施策が重点的に進められねばならない。

専守防衛を基本原則とするならば、先制奇襲を受けるのは避けられない。そのために緊要な戦力となる戦闘機、艦艇、戦車・ミサイルなどの要員と装備を守り抜く掩体壕などの防護施設を最優先で整備すべきではないのか。

貴重な防衛能力が、緒戦の奇襲により戦力発揮前に制圧されることを避けるためには、何よりも残存性が求められる。七番目の末尾に列挙された「持続性・強靭性」は、残存性重視の観点から、最優先の「重要能力」と位置付けるべきであろう。

3．戦い続けられるのか？

「間に合うのか」という問題は、日本を巻き込む有事や周辺事態がいつごろ起こるかという戦略的情勢判断の最も重要な要因に直結するものであり、「生き残れるのか？」という問題は、開戦当初に奇襲を受けた場合の戦争様相に関する見積もりに関わるものである。そしてこの「戦い続けられるのか？」という問題は、戦争がどの程度継続するのかという見通しに関するものである。

戦略情勢判断を誤り、備えも不十分なまま敵の奇襲侵攻を受け、さらに予想しない規模、要領で侵攻されれば、最終的には敗北することになる。「国家安全保障戦略」及び「国家防衛戦略」の中では、戦略情勢判断について、この日本有事の戦争様相について、いつ、どこで、どのような規模・様相で侵攻が生起し、どの程度続くのかについて、明確な総合的分析の跡が伺われない。対象国別の個別の脅威度の概念的分析にとどまっている。

もしこれら対象国が連携して侵略した場合には、限られた防衛力を一部で侵攻を阻止しつつ、主力を機動的に運用しなければならないが、そのような戦略運用の視点が欠落している。それでは真の防衛力所要も、あるべき運用も見積もれない。

さらに、継戦能力の問題の場合は、単に敵の出方に関わる問題であるだけではなく、我が国が有事になった場合に、どの程度の人員と装備の損害に耐えられるか、どの程度の国土の損失まで許容するのか、あるいはしないのか、あくまで全国土奪還を戦争目的として貫徹するのかという、国家としての最小限達成すべき戦争目的に関する判断事項でもある。

合理的な継戦能力を超えた過大な戦争目的の追求は、復興不可能なほど国力を低下させ、国家滅亡すら招きかねない。

「国家安全保障戦略」には、「国家としての力の発揮は国民の決意から始まる」とあるが、それは正しい指摘である。しかし、単なる決意だけでは防衛力にはならない。防衛力が侵略国の軍事力よりも劣るのであれば、どこまで国土侵害や国民の人命や財産も含む犠牲を甘受するかという問題は避けて通れない。この問題は、最高度の政治的意思決定事項である。

防衛期待度が低ければ、所要防衛力も少なくなる。継戦能力も短期間でよい。しかしそれだけ侵略、「力による現状変更」を抑止する能力も、阻止・排除する能力も低くなる。

それでは、有事には勝利はおろか、現状維持すらできない。結果的に、一部の領域放棄などの「現状変更」を余儀なくされるであろう。それをどこまで甘受するかは、政治が決定し、その予想される結果について「国民の理解と協力」を得られるように、政治家が先頭に立ち説得しなければならない。

防衛力は他の手段では代替できない。それは軍事的に敗北し、一度失った領域主権も国家の独立も、回復するのは他の手段ではほぼ不可能であるからである。粘り強い平和外交を展開しても、失われた領土の回復は容易ではない。そのことは、北方領土や竹島の現状を見れば、火を見るよりも明らかである。外交力は、防衛力の招いた結果を容易には回復できないという意味で、防衛力を代替できない。

侵略を抑止し、抑止が破綻し侵略があっても阻止・排除するには、戦略的な継戦能力が最終的な戦争目的達成を保障する水準になければならない。

現在の安保三文書も含め、これまでの安全保障政策も防衛政策もいずれも、自衛隊が独力対処する期間は、せいぜい米軍来援までの数か月程度との前提に立ち継戦能力が見積もられてきたと言えよう。

しかし、現在の日本を取り巻く安全保障環境は急速に悪化しており、前述したように、有事がいつ起きてもおかしくない状況になっている。我が国が奇襲を受ける可能性は高まっており、常に戦争に備えておく即応性の維持が極めて重要になっている。

特に、中朝のミサイル戦力は近年著しく質・量ともに増強されており、その実態は、「国家防衛戦略」などにも詳述されている。

日本全土を射程下に収める各種ミサイルが、発射から五～七分程度で日本国土に弾着する距離に展開されている。日本を攻撃可能な各種ミサイルの数は、中国は二千発前後、北朝鮮は約四百発に達していると見積もられている。

中国はそれに加え、台湾対岸に移動式の短距離ミサイルを千数百発展開しており、その一部は我が国の南西諸島も射程下に入れている。

航空攻撃についても、有人機のみならず群れをなしたドローン攻撃などの脅威はさらに高まっている。

このような脅威に対して備えるため、安保三文書では、敵の射程外から反撃可能なスタンド・オフ・ミサイルの増産体制の確立、統合防空ミサイル能力の強化が最優先課題として謳われている。

問題は、その配備数であり、継戦能力である。ウクライナ戦争では、ロシア軍は一日百発前後の各種ミサイルを撃ち込み、大型滑空爆弾（FAB）だけでも一日百発近くを投下している。砲弾については、一日一万発から三万発程度を発射している。

ロシアの年間の砲弾生産量は三百万発以上に上っていると見積もられている。それに対し、NATOは、国内の製造業の空洞化、軍事産業インフラの劣化などの要因により、NATO全体でも年間百三十万発の生産目標を達成できない状態が続いている。

またNATOからウクライナに供与された砲弾の約半数が、規格が合わず発射できなかったとの情報もある。NATO各国の同一口径の砲弾でも、微妙な寸法や部品の差異があり、他国の火砲では撃てないという事例が多発しているとみられる。ロシア軍は主に国産の統一規格のため、そのような問題は少ないであろう。

NATO規格の統一化・標準化は冷戦時代からの課題であったが、互いに武器輸出を競い合う武器生産国の間では、独自性や先端能力を追求するため、他国の火砲はもちろん、同じ国の砲でも改良に伴い規格が異なり、発射できないことが多発したと思われる。このことは武器・弾薬は、できる限り国産品で統一し標準化することが望ましいということを示している。

そのため、戦場でのロシア軍のウクライナ軍に対する弾量の格差は十対一から七対一程度と圧倒的劣勢が続き、その差は縮まっていない。

戦争準備の不足と敵の能力に対する過小評価、戦争長期化への備えの欠如などの要因がもたらした結果と言える。

これと同様の状況が、日本有事でも生じる可能性は十分にある。日本有事の米軍来援の可能性については、冷戦時代とは一変している。「接近阻止・領域拒否（Ａ２／ＡＤ）戦略」と言われるように、中国の西太平洋、特にグアム以西における濃密な対艦・対空ミサイル網により、米軍、特に米空母打撃群の接近が制約され、日本列島から台湾以西、南シナ海にかけては中国沿岸領域内に入れない状況になっている。

これに対抗する戦略として今、米軍が進めているのが、広いインド・太平洋海域を利用した小規模分散高機動型部隊のネットワークを介した戦い方であり、その狙いは中国などのミサイル戦力による損害を極力回避しつつ、戦力展開することにある。そのような作戦戦略の基本的考え方は、米軍の陸・海・空軍・海兵隊に共通している。

また、中国との戦争になった場合の全般的な戦略は、当初、東太平洋以東の安全な地域から中国内陸部の大陸間弾道弾部隊と遠距離の間合いで交戦して、それをまず制圧する。その後グアム付近の中距離以下の弾道ミサイル等の脅威を制圧し、その後さらに間合いを詰めて、沖縄・台湾対岸の短距離ミサイル等を制圧する。最後に、本格的地上戦を行うという構想である。またその間、「紛争」は一時停止し、互いに有利な態勢確立を競う「競争」の局面もあるとみられている。

この構想では、南シナ海、東シナ海、日本海などで戦うのは、潜水艦と機雷戦が主となり、同盟国はそれぞれの国土国民を自力で守らねばならない。

特に地上部隊の本格来援は、海兵隊も含め期待できないとみるべきであろう。日本有事には、二〇一五年の「日米防衛協力のための指針（ガイドライン）」にもあるとおり、日本の防衛は「自衛隊が主体」となって行い、米軍は自衛隊の作戦を「支援し、あるいは補完する」ことになる。この点は、「国家安全保障戦略」の「基本的な原則」の中でも、「我が国を守る一義的な責任は我が国にある」との認識に立つことが強調されている。

いずれにしても、独力対処に必要不可欠な、一定期間の継戦能力が必要だ。その期間は冷戦時代の数か月よりも長くなる、あるいは期待できないものとみるべきであろう。

すなわち、日本は単に当初の侵攻部隊の阻止・撃破のみならず、その後の反攻作戦から国土回復に至るまでの作戦を主体的に行えるだけの継戦能力を自ら保有しなければ、日本防衛はできないことになる。

そのような継戦能力保有のための具体的な施策について、「国家防衛戦略」では「弾薬生産能力の向上及び製造量に見合う火薬庫の確保」、「防衛力整備計画」では「防衛産業による国内製造態勢の拡充等を後押しする。さらに、弾薬の維持整備体制強化を図る」とされているにとどまっている。

装備品についても、可動数向上策は謳われているが、緊急増産体制については詳述されていない。これでは、有事に必要な緊急増産もそれに備えた弾薬・装備品の増産も可能とは見られない。

そもそも、戦争様相の見積もりについて、「国家安全保障戦略」では、いつ戦争が起こり得るかという見積もりも、対象国も、どの程度戦争が続くのか、日本として最小限守るべき国益、具体的には最終防衛線あるいは許容しうる人的・物的損害の見通しも言及されていない。

米国の戦略転換を前提とし、米軍の本格来援が期待できないとした場合の継戦に耐える装備・弾薬の備蓄や緊急増産能力が確保されるのかは疑問と言わざるを得ない。

戦力発揮の基盤となる、戦争勃発時期の予想、奇襲からの残存性、長期単独継戦能力などの問題が解決されないままに、将来装備の研究開発に過度に予算その他の資源を投入するならば、間に合わない、数が足りない、戦力発揮前に制圧されるような装備体系にならないかと危惧される。

4．実戦に役立つのか？

このような問題を解決するには、努めて実戦的な信頼のおけるデータを収集・活用し、合理的論理で組み立てられたウォーゲームのソフトウェアを開発し、コンピューターシミュレーションを繰り返し、戦争を総体として予測し、現有防衛力の問題点、戦力上の欠落などを発見し、それを改善するための施策を編み出す必要がある。データが不十分であれば、実部隊を使い部隊実験、研究演習などを行い、あるいは防衛駐在官などを介して実戦におけるデータを収集する必要がある。国産の武器を輸出し、その実戦における性能・機能を検証することも、他国では当然のこととして行われている。

そのような過程を経ずに、観念や既存の法制、政策のみに基づいて組み立てられた戦略は、合理的な実戦で役に立つ戦略にはなりえない。

例えば、「国家安全保障戦略」では、「我が国の安全保障に関する基本的な原則」という項目が「我が国の国益」に続き列挙されている。その中に、「平和国家として、専守防衛に徹し、他国に脅威を与えるような軍事大国にはならず、非核三原則を堅持するとの基本的な方針は今後とも変わらない」と明記されている。

このような原則を戦略的妥当性の検証なしに、国益に次いで併記して作成された文書は、政治文書ではあっても、戦略とは言えない。戦略であるなら、まず守るべき国益を列挙し、それを侵害する脅威を特定し、その脅威を抑止し排除するにはどのような防衛力が必要であり、どのように各事態において運用すべきかが問われなければならない。

また、「国家安全保障戦略」では、脅威対象が明記されず、抽象的な敵性国の動向評価にとどまっている。中国は「最大の戦略的挑戦」、北朝鮮は「一層重大かつ差し迫った脅威」、ロシアは「中国との戦略的な連携と相まって、安全保障上の強い懸念」と要約して表現されているが、それら三国の中で、最も脅威度が高く、最も重視すべき主敵が何かは明確ではない。

脅威度という点では、能力と企図において、我が国固有の領土である尖閣諸島を「核心的利益」と位置づけ、習近平国家主席が、「釣魚島(尖閣諸島の中国名)の主権を守る闘争を不断に強化しなければならない」(『産経新聞』二〇二三年十二月三十日)と檄を飛ばしている中国が最大の脅威とみられるが、あくまで「挑戦」にとどまり、「脅威」との認識は明示されていない。

最大の脅威、主敵を特定しなければ、脅威正面も侵攻の時期・様相も明確にならず、戦略の基本構想が定まらない。特に、国家防衛戦略では、戦略策定の前提として、脅威の主対象、主正面、侵攻予想時期、作戦様相等が特定されねばならない。

これらの前提が明確になることによって、初めて焦点の定まった防衛力整備計画が策定でき、戦略情勢判断と具体的な国家防衛戦略の一貫性と整合性が確保できる。また、それに基づく防衛力整備計画に従って造成された防衛力は、有事にも任務達成可能な実効性のある防衛力となる。

この国家防衛戦略の前提となる脅威認識が不明瞭なため、いつ侵攻があり得るか、その兵力規模や正面、侵攻様相はどうなるかといった分析は、今回の「国家防衛戦略」では明示されていない。

秘密保持上公表できない面も当然あると思われるが、公表された安保三文書には、事実に基づく戦略情勢判断の結論あるいは合理的な戦略分析の成果が見えていない。したがって、侵攻時期までに準備する必要性も緊要な防衛能力の残存性、継戦能力についても、説得力のある一貫した具体的な検討がされていない。

そのため、防衛力強化の重要能力の優先順についても、装備の斬新さや反撃力、スタンド・オフ攻撃能力、領域横断的能力など、政治的あるいは政策的に注目された課題が過度に重視され、差し迫った中国の台湾・尖閣諸島侵攻への備えといった具体的な防衛任務遂行に直接資する内容になっていないきらいがある。

単なる、最新装備の調達あるいは研究開発の事業計画の羅列であっては、意味のある防衛力にならない。戦略策定のための合理的手順を経て、真に役立つ国家安全保障戦略、国家防衛戦略が立てられねばならない。

そうでなければ、防衛力整備計画を立て、多額の予算を投じても、国家戦略レベルで期待された防衛戦略の目的を達成できる編制装備体系にならず、無駄になりかねない。

5．国家安全保障戦略における外交優先の位置づけ

「国家安全保障戦略」の「Ⅵ　我が国が優先する戦略的アプローチ」では、「1．我が国の安全保障に関わる総合的な国力の主な要素」として、外交力、防衛力、経済力、技術力、情報力の五つの要素が列挙されている。

重視すべき国力要素として、「まず、我が国に望ましい安全保障環境を能動的に創出するための力強い外交を展開すること」と記述され、外交力が第一に挙げられている。防衛力については、第二に挙げられ、「自分の国

は自分で守り抜ける防衛力を持つことは、そのような外交の地歩を固める基礎となる」との位置づけがされている。

防衛力の機能は「他の手段では代替できない」としつつも、防衛力は「我が国が望ましい安全保障環境を能動的に創出するための外交の地歩を固めるもの」と位置づけられている。

外交が破綻すれば戦争に訴えることになるのは、日米開戦経緯などでも明らかである。その意味では、平時は外交力が表に出るのは当然である。また戦時においても、相手国との休戦交渉のための外交ルートは確保しておかねばならない。

しかし、防衛が破綻し国家が独立と主権を失い、戦勝国の占領下になれば、主権と独立は失われ、対等の外交主権も失われるのも事実である。

このように本来、軍事的な防衛力と外交力は唇歯輔車の関係にあり、いずれが優越するというものではない。この点で、「防衛力」が、「外交の地歩を固めるもの」とのみ規定されているのは、一面的である。外交力の限界を超えて国家間の国益対立が厳しくなった場合の、防衛力の意義とその役割についても分析しなければならない。

本来、軍事力は、「外交交渉が決裂した場合の、最終的な紛争解決の手段」として位置づけられるものだ。日本国憲法が紛争解決の手段としての戦争を放棄していても、その現実は変わらない。

すなわち、国家安全保障戦略「Ⅲ我が国の安全保障に関する基本的な原則」に規定された「前提」や「基本原則」は、戦後日本国内のみに通じる政治的制約を明文化した政治的文書であり、戦略的合理性に立脚した合理的な国家防衛戦略に対する政治的制約を無条件に前提とし、原則化していると言える。

外交力と軍事力の関係についても、日本国憲法が戦力不保持、戦争放棄を謳っていようと、軍事力や戦力を「防衛力」と呼ぼうと関係なく、現実の国際政治の中では冷徹に作用する。日本が自衛権を発動するのは、侵略国との外交的な和平交渉が何らかの理由で決裂した場合であろう。

先述したように、「国家安全保障戦略」では、「専守防衛に徹し、他国に脅威を与えるような軍事大国にならず、非核三原則を堅持するとの基本方針」が、安全保障政策の前提として、戦略的妥当性について分析検討されることなく、無条件に規定されている。この前提が、日本有事の戦争様相からみて軍事的合理性を欠いた前提であったなら、国土防衛作戦は破綻することになる。

さらに、防衛力の外交力に対する関係が、「外交の地歩を固めるもの」とのみ位置づけられているため、外交が破綻した場合を前提とした、軍事的観点からの合理的戦略の策定と必要な編制・装備、運用の在り方の国家レベルでの検討を困難にし、防衛政策の自由度に制約を課している。

例えば安保三文書では、「防衛生産・技術基盤の強化」については詳述されているが、有事を前提とした総合国力を動員するための態勢については、その必要性すら言及されていない。

結果的に、「安保三文書」の戦略に従い構築された防衛力が軍事的合理性を欠き、日本有事の国家防衛が破綻することになった場合、その責任は、国家防衛戦略次元において、軍事的合理性を欠いた前提と制約を課した、国家安全保障戦略の欠格にあると言えるだろう。

このような危惧を持たせる安保三文書に基づく防衛力で、対象年度間に今後生起する国際情勢の変化、顕在化するさまざまな脅威、日本有事を含めた各種事態に対処できるかは、今後の現実の推移をみるほかはない。

「国家安全保障戦略」の末尾にも規定されているように、もしも今後十年以内に「安全保障環境等に重要な変化が見込まれた場合」は、躊躇なく「必要な修正」を行わねばならない。


（第一節は一般社団法人日本平和学研究所『湊合　令和六年秋号』より転載）

第二節　なぜ、「日本の真の国防」に列挙した4条件が重要なのか？

本書の問題意識は、第一節に述べたように、「安保三文書」で目標年とされている二〇二七年までに侵略などの危機が起きる可能性はないのか、「間に合うのか」、その時に本当に「生き残れるのか」、「戦い続けられるのか」、「実戦に役立つのか」、また「国家安全保障戦略は外交優先で良いのか」という点にある。

どのような侵略が最も可能性が高いのか、もし侵略の可能性があるとすれば、どのようにしてそれを抑止し対処すればよいのか、実効性をもって対処するための必要条件は何かが問われなければならない。

その結果導き出されたのが、以下の「日本の真の国防4条件」である。

1．核ミサイル搭載原子力潜水艦を自国で保有すること
2．尖閣諸島に自衛隊が常時駐屯すること
3．自衛隊予備自衛官、予備自衛官補を増強すること

4．軍事産業を振興し、武器輸出を拡大すること

本節では、その理由について述べる。

防衛力には、平時から敵性国の侵略を抑止する抑止力が必要である。また、平時でもなく防衛出動が下令されるにも至らない、いわゆる「グレーゾーン」段階の危機にも有効に対処できなければならない。

さらに抑止が破綻し侵略が生起した場合には、対処力として、侵略国の先制攻撃に耐えて残存する残存力、その後反撃し国土を回復する反撃力、さらにそれらを支えて戦い抜ける人と物の両面での継戦能力が不可欠である。

これらのいずれの要素が欠けても、実効性のある防衛力として機能しない。

抑止力として最優先で保有すべき核ミサイル搭載原子力潜水艦

まず抑止力について。抑止の本質は、相手に確実な破壊力を及ぼす能力と意志によって生ずる恐怖心にある。説得や経済的利得で侵略者を思いとどまらせられるなら、それが最も望ましい。しかし、世界には攻撃すれば手痛い反撃を受け、自滅するおそれもあるとの恐怖を与えることによってしか抑止できない独裁者が数多くいるのも、紛れもない現実である。

すなわち、いかなる侵略者に対しても効力を発揮できる最大の抑止力は、最大の破壊力によりもたらされることになる。最大の破壊力を持つ兵器は、核時代の今日では、核戦力であることは明白である。

我が国は、核抑止力については、一貫して米国の核の傘に全面的に依存することを方針としてきた。しかし今、

米国の核の傘の信頼性が揺らいでいる。

冷戦崩壊以降、米国の一極覇権の到来を予測する見方もあった。だが冷戦後の現実は、二十年余にわたる対テロ戦争で米国が国力を浪費している間に、中国が高度経済成長を遂げ、近年まで毎年二桁を超える軍事費増加を続ける結果となった。今日の世界では、米国の覇権が各方面で挑戦を受け、あるいは後退し、世界的な秩序崩壊がもたらされている。

中でも中国が力を入れたのが、米本土を直接攻撃できる大陸間弾道弾と日本などインド・太平洋の米同盟国を射程下におさめる中距離弾道弾の配備である。日本は今や、中国の核を含む各種のミサイル約二千発に狙われている。そのため、米空母の日本近海での行動すら自由に行えない状況にまで、日本の安全保障環境は悪化している。

また、ウクライナ戦争でロシアを中国側に追いやった結果、中ロは核戦略も含めた安全保障面での緊密な戦略的協力関係に入っている。米国は、中ロ両国を同時に相手にしなければならず、その場合は核戦力バランスが大陸間弾道弾、中距離弾道弾、短距離弾道弾のすべてのレベルで不利になったと米国の専門家もみている。

その結果、米国の日本など同盟国に保証してきた「核の傘」の信頼性が問われる状況になっている。米国と中ロが核の応酬をすれば米国が不利な状況にある中で、東京を守るためにニューヨークを核戦争の危険に晒すことを、米国の大統領が決断できないとみるのは当然であろう。

既に、米国の核の傘に我が国の抑止力を全面的に依存することはできない時代になっている。中国やロシアの核の傘に依存することも、日本国民は受け入れないであろう。そうであれば、日本独自の核保有に踏み切らねばならない。

日本が独自に核保有をするとすれば、どのような兵器体系が最も望ましいのであろうか？　四面環海の我が国の地政学的特性を最大限に活かし、秘匿性、残存性にも富む原潜に核ミサイルを搭載して常に哨戒させておけば、最も信頼できる核抑止力を自ら保有することができる。英仏は、そのような原潜搭載核戦力を中核にした独自の核抑止力を保有している。

ただし、建造には五年程度かかるとみられ、時期的に間に合うかという問題がある。その点については、固体燃料ロケットを車両牽引の発射機に搭載し、地下深くに分散秘匿しておくという方法もある。その場合は、半年程度で建造、展開は可能であろう。

しかし、この地下配備の方式には、配備の位置が知られて、先制核攻撃目標となり破壊されるおそれがあり、周辺地域に核放射能その他の二次被害を及ぼすおそれがあるとの問題点がある。このため、一時しのぎの対策としては止むを得ないが、狭い国土に人口が密集している我が国の特性を考慮すれば、望ましい選択とは言えない。

我が国には、潜水艦、小型原子炉、弾道ミサイル等の技術的潜在力も建造するための財政力も十分にある。政治的決断があれば、いつでも建造着手は可能である。そのような観点から、４条件の第一に、確実な抑止力を保持するためのミサイル搭載原子力潜水艦の自国保有を挙げている。

グレーゾーンの間隙を埋めるための尖閣諸島への自衛隊の常時駐屯

核抑止力を独自に持っても、それですべての脅威を抑止できるわけではない。冷戦時代、あらゆる侵略に対しても核攻撃で報復するとした大量報復戦略では、朝鮮戦争のような制限戦争を抑止できなかった。この反省から、脅威の度合いに応じて段階的に柔軟に対応できる戦力体系が必要との認識が高まり、「柔軟反応戦略」が唱えられるようになった。

中国は、我が国固有の領土である尖閣諸島に対する領有権を、周辺海域に海底油田があると発表されて以降の一九七〇年になってから、領有権を主張し始めた。

その後中国は、尖閣諸島を台湾と並ぶ「核心的利益」と位置づけ、海警の権限と能力を強化し、中央軍事委員会の指令があれば、瞬時に海軍と一体になり軍事行動をとれる態勢を取っている。

現在では、海警船が常時、尖閣諸島周辺に展開し、領海侵犯もたびたび起こすなど、いつでも奇襲的に侵攻し尖閣諸島占領の既成事実化が可能な状況になっている。特に、中国は少しずつ脅威レベルを上げ、隙をついて一挙に既成事実化を図るという手法を得意としている。

特に我が国の場合は、海上保安庁法第二十五条の制約もあり、海上保安庁は軍事的な役割を担うことが出来ない立場にあり、海上自衛隊には平時の自衛権も領海警備権限もないという弱点を抱えている。

このため、グレーゾーン事態を突かれた場合に、海上保安庁の対処能力を超えるが、自衛隊が武力行使をできる防衛事態の認定も下りないという、警備態勢の間隙が生ずるおそれがある。

このおそれを排除する最善の方法は、自衛隊を尖閣諸島に常駐させることである。そのようにすれば、漁民を装った武装民兵が奇襲的に上陸しても、直ちに排除できる。

もし自衛隊が常駐していない無人島のままで放置していて、武装漁民が上陸すれば、我が国固有の領土に対する不法入国となるため、海上保安官が上陸し逮捕拘束しなければならない。その時に、武力や武力に準ずる手段で抵抗した場合には、海上保安庁の警察力では対応できず、自衛隊が対処しなければならないことになる。

しかし、海上自衛隊あるいはヘリ等で空輸された陸上自衛隊が対処のため尖閣諸島に上陸しようとすれば、武装漁民が特殊部隊又は武装民兵として組織的武力行使に出て、自衛隊の到着前に、海上保安官を逆に殺傷し島を占拠し、更に海警に救援を求めることになるであろう。

その場合、海警は即座に、自国領土に対する日本側の侵略行為対処との名目で軍事組織に転換し、搭載している火砲やミサイルなどの武力行使に出るであろう。そうなれば、海上保安庁の艦艇は損害を避けるために退避するしかない。海空自衛隊などの来援は、島を占拠した特殊部隊や民兵の組織的戦力と海警と一体となった中国の海空軍に阻まれ、即時の奪還は困難になる。

結局は、時間をかけて周到に準備し、陸海空自衛隊の統合による島嶼奪還作戦を行わねばならなくなる。それには、かなりの犠牲も伴うことになるが、そのような政治決断をできるのか、国民がそれだけの犠牲を払い、中国と戦火を交えることに賛同するかは、不透明である。いずれにしても、実質的な局地戦とはいえ日中戦争を覚悟しなければならない。

その際にも中国側は、核恫喝をかけ、優勢な対地・対艦・対空ミサイルの戦力で尖閣占拠という既成事実の掩護を図るであろう。二〇二七年までにそのような事態が起きた場合に、それに我が国は対抗できるかは疑問である。

このような事態を避け、我が国固有の領土である尖閣諸島を守り抜くためには、中国側に先立ち、いずれかの時点で自衛官の尖閣諸島への常駐に踏み切らねばならない。それ故に、4条件の第二に、尖閣諸島への自衛隊の常駐を挙げた。

予備自衛官と予備自衛官補の増強は戦い続ける国民の意思と能力を保障する

防衛力の中核は、「自衛隊員」と「装備品」である。特に人の確保は、防衛力の維持・強化にとって死活的に重要な課題である。

我が国は少子化が進み、自衛官は募集難であるとよく言われるが、全人口に対する兵員比率の面でみると、我が国の比率は国際平均の三分の一以下に過ぎない。人がいないのではなく、国を挙げた兵員徴募の努力が欠落しているのが、募集難の根本原因である。

中でも問題は、国民の国防意識が世界一低調な点にある。世界の約七十カ国で行われた国際世論調査の結果によれば、自国が侵略を受けた時に、武器を持って戦うかとの問いに対し、イエスと答えた国民の我が国における比率は、世界でも断トツの最低比率、十三・二パーセントに過ぎない。

また、「分からない」と回答した比率も世界最高である。このことは、国民一般に対する国防意識や軍事・国防に関連した知識が普及していないことを示している。また、我が国における初等教育段階からの愛国心や国防意識に関する教育がいかになおざりにされているか、国防問題がいかに社会全体としてタブー視されているかを、如実に物語っている。

このような国民意識が改められない限り、少々処遇が改善されたとしても、自衛官の成り手は増えないであろう。いくら装備があっても、人がいなければ戦力にはならない。

予備自衛官の定員数を確保するための制度上最も効果的で実行の可能性のある方法は、自衛隊の退職者に対し、退職後も一定期間予備自衛官として勤務することを義務付けることであろう。

そのためには、退職後も予備自衛官として勤務する予備自衛官に対する十分な処遇と採用企業に対する補償、現職自衛官と共に行動できる水準の教育訓練などの施策が採られなければならない。

戦争の帰趨は、民主主義体制下では国民の意志によって決まってくる。その意味で、一般国民の国防意識を高めることが国防の成否を決めると言って過言ではない。

国民の国防意識を高めるためには、初等・中等教育段階での愛国心と国防意識の涵養が最も重要である。子どもたちが成人した後も国家の安全保障を確実に守れる世代に育てることは、国防意識の基盤そのものと言える。また、高等教育機関・シンクタンクにおける軍事学、戦略理論、戦史、軍事研究などの教育と研究も不可欠である。我が国における軍事関連の教育・研究の欠落は、国際的には異常な状況である。

一国民の知識や関心の中から、軍事・国防という国家の存続に関わる重要分野が抜け落ちていることは、政治・外交・経済・科学技術・文化その他各方面において、世界の常識からかけ離れた判断をもたらし、引いては国益、公益を著しく害している。国民がそのことに気づかないだけであろう。

国民の国防意識を高めるための最も効果的な方法は、一人でも多くの国民が自ら自衛官として勤務し隊務を経験することである。そうすれば、自ずと国防に対する理解と責任観念が深まるであろう。そのことは、多くの自衛隊経験者が語る実感でもある。日本は四面環海の列島国家であり、地続き国境がないため、国境防衛の緊迫感が一般国民には伝わりにくい。しかし、自衛官として勤務し国家防衛の第一線に自ら立てば、日々の緊迫感が嫌でも実感され国防意識も高まる。

そのような経験を積む若者を増やすためには、元自衛官以外の人から予備自衛官になる道である予備自衛官補制度の定員数を増やすことが、最も効果的であろう。そのような人が、社会と自衛隊のつなぎ役として一般国民の間で活躍することにより、自衛隊と社会一般との関係がさらに緊密になり、理解も深まることになる。それが新たな自衛官志願者や予備自衛官補志願者の増加にもつながるであろう。

自衛官の中でも最も重要な人材は幹部である。幹部の養成という点で、各大学に米国の予備役将校養成制度に倣った制度を導入し、希望者に在学間に必要な幹部自衛官としての基礎的な教育訓練を施し、卒業後は予備役将校として登録しておくという方法が効果的であろう。そのためには、大学関係者の理解と協力が必要だが、一部の大学でもこのような制度を導入し、それが人材育成の一助となり成果を上げ、社会でも認められるようになれば、制度も徐々に定着すると思われる。

最後に一般社会の特殊な技能・知識の自衛隊での活用のために、予備自衛官補の技能公募制度をさらに拡充し、その内容も、ＩＴ技術者、サイバー技能者、ドローン操縦士、語学、法務、医療など、一般社会でも自衛隊でもともに求められている特殊技能者を幅広く募集する必要がある。

ただし、このような人材は社会的にも需要が高く、通常の処遇では、民間との募集競争が激化する中、必要な人材は集められない。そのため、通常の俸給や階級ではなく、別枠の人事・俸給体系にする必要がある。また、予備自衛官の訓練においても、現職自衛官の訓練においても、上記の社会的ニーズの多い特殊技能を重点的に習得させれば、社会に出てその技能を活かし、当人の就職や給与も高くなると同時に、社会的な人材養成のニーズにも応ずることができる。その意味でも、ニーズの高い特殊技能者の採用枠として、予備自衛官補の技能公募枠を拡大する必要がある。

より多くの人が退職後も予備自衛官となり、より多くの民間人が大学生や特殊技能者も含めて、予備自衛官補や予備自衛官になれば、国民一般と自衛官の距離が縮まる。さらに社会と自衛隊の間で、国民一般の理解は深まり、また、貴重な特殊技能者を一般社会と自衛隊が共有し協力して養成できる体制になるであろう。

そうなれば、自衛隊が真に国民と一体になり、国防力も民間の総合的な力も増し、日本国民の国防意識は向上するであろう。

そのような観点から、4条件の三番目に、自衛隊予備自衛官、予備自衛官補を増強する事を挙げた。

防衛生産・技術基盤をめぐる課題と基盤育成の重要性

防衛産業は、装備品の技術研究、開発、生産、維持整備、能力向上・機齢延伸、用途廃止など各段階を担っており、装備品と防衛産業は一体不可分である。装備品のライフサイクル全体を担う防衛産業無くして我が国の防衛力は発揮し得ず、防衛産業は、いわば防衛力そのものであると言える。

細部は本書第四章で述べるが、安保三文書の「国家安全保障戦略」Ⅳ2（2）ウ項でも、防衛生産・技術基盤は「防衛力そのもの」と位置付けられ、極めて重視されている。「力強く持続可能な防衛産業の構築」のために、「事業の魅力化を含む各種取組を政府横断的に進めるとともに、官民の先端技術の成果の防衛装備品の研究開発等への積極的な活用、新たな防衛装備品の研究開発のための態勢の強化等を進める」とされている。

しかし、我が国の防衛生産・技術基盤を巡る課題は山積している。そもそもモノづくり産業が苦境に陥る中、民間企業に頼るという在り方では持続性はない。民間企業の立場からは、特殊な技術や設備が必要でコストがかかる割に、競争相手にもなる他の先進諸国が採用している武器輸出振興政策が採られることもなければ安定した受注も保証されない防衛産業に、あまりうまみはない。

このような問題を是正するため、二〇二三年に防衛生産基盤強化法が施行され、不合理な規制は緩和される方向に向かいつつある上、武器輸出三原則も見直された。今後は、官民が協同して武器輸出を行っていくことが求められる。

自衛官の確保とともに、防衛力そのものであり戦い続ける力の根幹である「装備品」の生産・技術基盤としての防衛産業の重要性を踏まえ、日本の真の国防の4条件の最後に、軍事産業の振興と武器輸出の拡大を挙げた。

以上の「日本の真の国防の4条件」の細部について、本書の各章においてさらに詳述する。

第一章　「核ミサイル搭載原子力潜水艦」の保有

二〇二四年十月、ノルウェーのノーベル賞委員会は日本原水爆被害者団体協議会（日本被団協）にノーベル平和賞を授与すると発表した。同団体は一九五六年八月に結成され、核兵器の廃絶を訴えている。このニュースを受けて、日本では「核は絶対に駄目だ」という機運がさらに高まった。

「核を使用することは許されない」——。これはごく一般的な日本人の考え方だろう。もちろん私自身も、核兵器が二度と使用されないことを心から祈っている。

しかし、ノーベル賞委員会がこのタイミングで被団協の受賞を決めた背景には、核兵器の脅威が世界各国で高まっていることが挙げられる。ロシアのプーチン大統領はウクライナに対し核の脅しをかけ続けており、中国や北朝鮮も核開発を進めている。

二〇二三年十月にはハマスとイスラエルの戦いが勃発し、二〇二五年一月、六週間の停戦に合意したものの、停戦合意後も戦闘が続いている地域もあり、今度どうなるかはまだ不透明だ。このような膠着した戦局を打破するため、「核使用」の可能性が浮上している。イスラエル、イラン、双方とも、既に実質的には核保有国と言える。仮にイスラエルが核使用をちらつかせるならば、他の中東諸国に核保有の連鎖が生まれる可能性も十分に考えられる。

国際社会はシビアだ。核保有国に、「核はすさまじい数の犠牲者を生みますから、あなたの持っている核兵器を捨ててください」と言ったところで応じるわけがない。

他方で、「日本は米国の核の傘に守られているから大丈夫だ」と主張する人も少なくない。しかし、これは米国の核戦力バランスが中ロに対し不利な状況になっているという現実を直視していない。日本が核脅威に巻き込まれた際、米国が必ず日本に核の傘を差し伸べてくれるとの保障はどこにもない。

米国の核インフラも劣化が進んでいる。現時点で核態勢見直しの計画は遅々として進んでおらず、その間に中国やロシア、北朝鮮の核能力は格段に進化した。もし中ロが連携すれば、米国は劣勢になると米国の専門家もみている。

核の脅しは、決して対岸の火事ではない。中国は台湾について、「自国から分離した省であり、統合されるべき」との考えを有している。確かにもともと台湾は、中国（清国）の支配下にあった。日清戦争後、一旦は日本に明け渡されたものの、大東亜戦争の終結後にまた中国（中華民国）が統治するようになった。

しかしその後、国民党の蒋介石は中国本土での内戦に負け、台湾に逃げ込んだ。そして「私たちこそが中華民国である」と主張するようになった。この歴史こそが、中国が「台湾は自国のものだ」と主張する根拠であり、台湾が「自分たちは一つの主権を持った国家だ」と主張する根拠になっている。

二〇二二年に米国のナンシー・ペロシ米下院議長が訪台した後、中国は弾道ミサイルを台湾周辺の海域に打ち込み、日本の排他的経済水域内にも落下している。これは中国からの核恫喝と考えられる。

もはや世界は〝核時代〟に突入している。そんな中にあって核を保有していない国は、自国の安全保障を他の核保有国に依存せざるを得ず、その意味では、大国とは言えない。そしてその〝他の核保有国〟も、１００％信用できるとは言えない。日本が今後、真の大国として生き延びるためには、核保有問題を避けて通ることはできないのだ。

日本は既に、核を保有する能力はある。そして「日本が核保有する」ことを真剣に考えたとき、その最善の方法が「弾道弾搭載型原潜（ＳＳＢＮ）を保有すること」である。

読者の中には、広島や長崎に落とされた原子爆弾のイメージから、核と言えば投下する、あるいは陸上から発射するイメージをお持ちの方も多いのではないだろうか。だが世界では、核弾頭を潜水艦に搭載する流れが主流になってきている。ＳＳＢＮは秘匿性が高く、機動性・残存性に優れている。

現在日本では、ＳＳＢＮを保有していない。だが四方を海に囲まれた日本だからこそ、その能力を最大限に生かすことができるはずだ。仮に尖閣・台湾危機が生起した際にも、ＳＳＢＮにより優位な立場に立てるだろう。第一章では、世界の核の現状や日本がなぜＳＳＢＮを保有するべきなのかについて、述べることとする。

第一節　日本は核恫喝に屈するな！　潜在核保有国としての自信を持ち毅然として対応せよ

二〇二二年二月に始まったウクライナ戦争。この戦争では、開戦当初からプーチン大統領が、核による脅し、すなわち〝核恫喝〟を行った。中国はナンシー・ペロシ米下院議長（当時）が台湾を訪れた直後、日本のＥＥＺ（排他的経済水域）内に五発の弾道ミサイルを撃ち込んだ。北朝鮮は、二〇二二年の一年間で三一回、五九発と過去最多の頻度で多種多様なミサイルの発射試験を日本近海で実施している。

またここで挙げた諸国は、日本が保有するミサイル防衛システムでは迎撃が困難とみられる、核弾頭搭載型の極超音速兵器の開発・配備を進めている。

今後これら諸国から、日本との紛争が生起した場合に、核兵器使用を示唆する核恫喝に踏み切る可能性は高い。

何度も行使されてきた核恫喝と機能しない米国の核の傘

核兵器は「使用できない兵器」だとよく言われる。しかし核恫喝は、朝鮮戦争、ベトナム戦争、中東戦争など、第二次大戦後の核大国が関係する多くの局地紛争において現実に行使され、相応の効果を発揮してきた。核大国は核戦力優位の効果を熟知しており、それ故に核戦力の優位確保に国力を傾注してきた。

キューバ危機では、ソ連のニキータ・フルシチョフ首相はキューバにソ連の核ミサイルを持ち込もうとしたが、米国のジョン・F・ケネディ大統領が海上封鎖をし、核戦争のリスクを冒しながらもそれを阻止した。当時は、米国の核戦力がソ連に対し圧倒的に優勢だった。

一方これは、ソ連にとっては屈辱以外の何物でもなかった。その後ソ連は、核ミサイルの増強に国力を挙げて取り組み、米国と対等の核戦力を構築した。また、一九六六年から十年間にわたり続いた文化大革命により混乱の最中にあった中国も、そしてソ連崩壊後のロシアも、戦略核戦力の開発・配備に対して最優先で国家資源を配当した。

核抑止は階層構造を形成している。最上位に位置するのは、核大国間の直接の核の応酬に備えた戦略核戦力である。その下位に、大陸間の距離には届かないが、例えばモスクワからスペインまでの戦域内を攻撃できる中距離核戦力（ＩＮＦ）

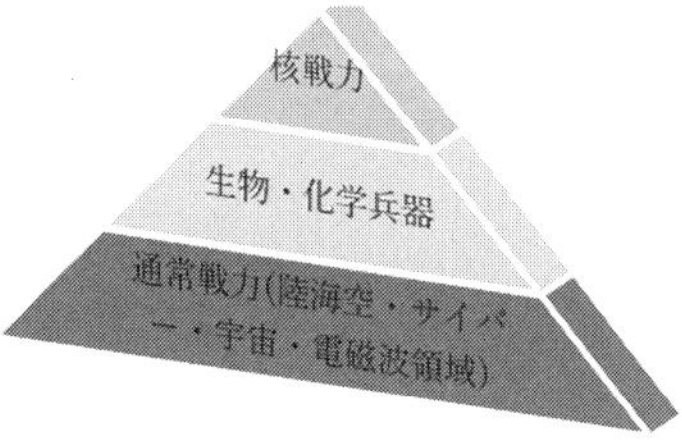

核戦力

生物・化学兵器

通常戦力(陸海空・サイバー・宇宙・電磁波領域)

抑止力のピラミッド構造

があり、その下位に戦場で軍を対象に使われる短射程の戦術核戦力がある。

核戦力の下位には、核と並び大量破壊兵器とされる生物・化学兵器があり、その下位に一般的な、陸海空の通常戦力が位置する。

このような抑止の構造を踏まえると、少なくとも理論的には、戦力的に劣勢であっても、より上位の戦力が優位にあれば、自国の主張を相手に強要できることになる。

特に核戦力は、破壊力がTNT換算で数キロトン（数千トン）から数メガトン（数百万トン）と圧倒的な威力がある（ちなみに、広島に落とされた原子爆弾は約十六キロトンに相当する）。その上、核戦力は爆風・熱線・放射能・電磁パルスなどの複合効果を発揮するため、絶大な抑止効果が作用する。なお電磁パルスとは、瞬時に強力な電磁波を発生させることで電子機器に過負荷をかけることを指す。それ単体は命を奪うものではないが、高度に電子化された社会において、電子機器が使えなくなることは致命的だ。

核兵器に替わる抑止手段は、少なくとも見通しうる将来においては、実現困難と考えられる。生物・化学兵器は、その効果が天候・気象、地形、人口分布、構造物、その他の要因に左右されるため確実性に劣り、核兵器の絶大な破壊力による抑止効果は代替できない。

また、核弾頭には、敵・味方双方の核弾頭の近傍での炸裂時に発生する強烈な電磁パルスに対しても確実に機能するように、最高度の電磁シールドがかけられている。このため、電磁パルスを使って核弾頭の機能を確実に破壊しようとしても、実現は困難であろう。

レールガンや極超音速兵器といったミサイル迎撃システムは、〝核弾頭に直撃させることができれば〟、被害を低減させられる可能性はある。しかしそれも容易な話ではない。特に音速の約二十倍で突入してくる大陸間弾道ミサイル（ＩＣＢＭ）の再突入弾頭や、音速の五倍以上の極超音速で飛翔し飛翔経路の変わる機動型兵器に対しては、極めて困難であろう。

通常戦力しかなければ、核戦力を持つ国に対して軍事的な挑戦はできない。戦後、核兵器を持たない国が核兵器国に勝利し、あるいは負けなかった例はある。しかし朝鮮戦争、ベトナム戦争などでも、核兵器を持たない国に対し、他の核兵器国が核抑止力を保証していた。

日本は、一貫して、核抑止力を米国の核の傘に全面的に依存するとの防衛政策を採ってきている。しかしその米国の核の傘の信頼性が今、揺らいでいる。

もともと理論的には、拡大核抑止とも呼ばれる「核の傘」に信頼性があるかという点について、否定的結論が出されている。

核の傘を提供する国は、核戦争の脅威を避けるため、核の傘の提供を保証されている被保護国が核保有国から恫喝を受けても、核の傘を提供せず戦争に巻き込まれるのを避けるのが、自国の国益にとり最終的に利益になる。それに対し、核の傘の提供を受けるとされている被保護国は、核の傘の提供を約束していた核大国側が、戦争のリスクを冒してまで約束を履行するよう要求することになる。

このように、核の傘の提供を受ける被保護国と、提供することを保証している核大国の間の国益は最終的には相反することが、ゲーム理論などでも立証されている。すなわち、理論的には、「核の傘」は、提供する側と提供される側の必然的な国益対立に至り、最終的には機能しないということになる。

米国は中ロに対し劣勢にある

ロシアはＮＡＴＯ（北大西洋条約機構）の東方拡大の脅威を感ずるようになって以降、対中接近を強め戦略的協力パートナーシップを組むようになっている。中でも、重視されているのが安全保障面での協力関係強化であり、ウクライナ戦争によりその協力関係はさらに深まった。

注目されるのは、「核戦力面で相互に核攻撃目標から外し、目標を米国に絞る」との核戦略上の連携である。中ロが連携した場合、戦略核戦力では概略、米国は中ロに対し二対一の劣勢になると、米国の専門家はみている。超党派で出された米議会での報告でも、米国は中ロと同時に対決することを予期せねばならないと述べられている。

米ロ間では、相互確証破壊（ＭＡＤ：先制核攻撃を受けても残存した核戦力で報復し、相手国の国家機能を破壊しうる核戦力態勢を、双方とも保有している状況）がソ連時代から成立している。すなわち、どちらが先制核攻撃を加えても相手国の残存した核戦力の報復攻撃により、自国が壊滅的打撃を受けることになる。このため二国相互間には核抑止が安定的に機能する。

同様な核戦力水準に米中も近づいている。その背景には、中国の核戦力の増強近代化、特に移動化による残存性、精度、即応態勢、複数弾頭化などの破壊力の向上といった要因がある。また中国の都市人口比率の低さと人口規模、人的損耗に対する感受性の米中格差（米国民のほうが、核兵器で人を殺傷することに忌避感を覚えるだろう）も、中国の相対的な優位性を高めている。

ＩＣＢＭ、ＳＬＢＭ（潜水艦発射弾道ミサイル）などの戦略核戦力は、射程八千～一万キロ以上の米ロ・米中間などでの直接的な核対決に使用される長射程の核兵器システムだが、このレベルの対決では、米国は連携する中ロに対して勝てる見通しがないと言えるだろう。

世界一の人口を持つ中国と世界一の領土を持つロシアを同時に相手にし、しかも中ロいずれも米国と共倒れになるＭＡＤ(相互確証破壊)水準の核戦力を持っているのであれば、当然の結果と言えよう。これを解消するには、中ロの連携を断ち切るしかないが、今のところその見通しは立っていない。

中距離核戦力（ＩＮＦ）については、米ソ／米ロが一九八七年から二〇一九年までの間、ＩＮＦ全廃条約によりその開発・配備を中止している間に、中国は西太平洋を覆うＩＮＦを一方的に開発・配備してきた。防衛省によれば、中国は六百基近い地上発射型弾道ミサイルを保有している。また、中国は、日本を射程下に収める約千九百発の地上発射型中距離弾道ミサイルと約三百発の巡航ミサイルを保有しているとみられている。それに対し米国は地上発射型中距離弾道ミサイル・巡航ミサイルは保有していない(『読売新聞』二〇二二年八月二一日)。

中距離弾道ミサイルの射程は、約五〇〇～五五〇〇キロあり、日本、台湾、フィリピンから南シナ海の「第一列島線」といわれる地域を完全に覆い、一部は小笠原諸島からグアムを結ぶ「第二列島線」を超える地域にまで達している。

そのため、米空母も第二列島線以西には容易に接近できず、第一列島線以西の東シナ海、南シナ海には入れなくなっているとみられる。このことからも、中国の西太平洋におけるＩＮＦ戦力は米国に対し優位にあると言える。

戦術核について、中国の保有数は不明だが、ロシアは約二万キロの陸地国境線を少ない兵員で守るため戦術核の配備をソ連時代から重視しており、ストックホルム国際平和研究所が各国の軍事動向や軍備管理の状況についてまとめた年次報告書である『SIPRI YEARBOOK 2023』によれば、ロシアは一八一六発程度の戦術核弾頭を保有しているとみられるという。

他方米国は、『SIPRI YEARBOOK 2023』によれば二〇〇発程度しか戦術核弾を保有していないとされている。これは、戦術核兵器を平時から多数展開しておくことにより、偶発的戦争や事故の可能性を高めることを懸念したものだという。うち百発は欧州のNATO同盟諸国に、残りは米本土と北東アジアに保管されているとみられている。このため米国の戦術核は、ロのそれに対し約九分の一以下の劣勢になっている。なお、中国の保有する戦術核弾頭数については不明である。

このように、中ロが連携していることを前提にすれば、米国の核戦力は、戦略・戦域・戦術の各レベルで劣勢になっている。核戦力バランス上からは、米国の核の傘は機能しない。東京を守るためにニューヨークに核攻撃を受ける危険にさらすような意思決定は、米国大統領としてできない情勢に、既になっている。

核戦略が劣化し続ける米国

さらに、米国内ではジョージ・W・ブッシュ大統領の頃から、核インフラの劣化に伴う核戦力の空洞化の危機が叫ばれていた。米国は冷戦終結以降一九九二年以来、一度も核実験を行わず、新しい核弾頭の開発・製造も行っていない。他方で、核弾頭は種々の核分裂物質などから構成されるため、年々それらの物質は劣化する。そうなれば、当然ながら核弾頭の信頼性も低下していく。約二十年経過すると、設計通りの出力が発揮できるかの信頼性が疑われるほど劣化が進むと言われている。

また核弾頭の運搬手段である、ＩＣＢＭ、戦略爆撃機、ＳＳＢＮ（弾道弾搭載原子力潜水艦）というトライアド（三本柱）と言われる兵器システムについても、一九七〇代から八〇年代に開発配備されたものが、未だに主用されており、老朽化している。空軍はＩＣＢＭの移動化を要求しているが、予算不足でまだ実現していない。

二〇二一年四月、米戦略空軍のジェームズ・リチャードソン司令官が、「ロシアが近代化を八〇パーセント完了しているのに対し、われわれはゼロだ」と危機感をあらわにしたと報じられた（『日本経済新聞』二〇二一年四月二一日）。

そのため、バラク・オバマ大統領時代にも、「信頼性の高い代替可能な弾頭（Reliable Replacement Warhead：RRW）」構想が検討された。しかし予算不足と核実験を一度も行っていない弾頭の信頼性が問題になった上、プルトニウムのピットを劣化させずに長く維持できることも判明し、二〇〇九年の大統領教書では中止とされた。

ドナルド・トランプ大統領の時代には、核関連予算を最優先で増額し、二〇二六年以降、核戦力の大幅な近代化を実現するとの核態勢見直しの計画が立てられた。しかし、ジョー・バイデン大統領は「核兵器なき世界」を訴え、計画の優先度を下げ、核態勢の近代化は二〇三六年以降に延びることになった。その間は、現用の核弾頭の寿命延長などでしのぐことになる。今後十数年間は米国の核戦力の劣化はさらに進行することになるであろう。

中国は核弾頭の生産と配備に力を入れている。米国防総省は二〇二二年十一月、中国の軍事力に関する年次報告書を公表した。その中で、中国の核弾頭保有数が二〇三五年に千五百発に増えるとの見通しを示した。米国の保有数に近づく。米軍が有事で台湾を守るケースを念頭に「中国軍が第三者の介入を撃退するための戦力を増強している」と断じた（『日本経済新聞』二〇二二年十一月三十日）。

二〇二三年十月、米国防総省は中国の軍事力に関する報告書を公表し、その中で、中国がこの一年で核備蓄を大幅に増やし、現在では運用可能な核弾頭を約五百発保有しているとの見方を示した。さらに中国政府は二〇三〇年までに核備蓄量を倍増させ、一千発以上の核弾頭を保有しようとしているとも述べている。

同月、米議会が超党派で設置した戦略態勢委員会は、米国は核保有国のロシアと中国との同時戦争に備える必要があるとする報告書を発表した。核戦力の現代化と通常戦力の増強を進め、アジア太平洋地域に核兵器を配備すべきだと提言した。

バイデン政権は二〇二二年に発表した『核態勢見直し報告（NPR）』において、核兵器の現代化に投資する一方で、軍拡競争は避けると強調していた。

同報告書は、中ロ二カ国に対抗する「包括的な戦略がない」と批判している。さらに、「中国による核戦力の急速な拡大とロシアが核兵器への依存を高めていることが、米国の安全保障に前例のない脅威をもたらしている」とし、二〇二七年～三五年に中ロの危険性が一層高まり、紛争が生じれば核戦争に発展するおそれもあると警告した。

また、米国の核戦力は「十分ではない可能性がある」とも指摘。アジア太平洋地域での米国と同盟国の通常戦力の優位性も低下しているとし、核兵器配備の検討が必要とした（『共同通信』二〇二三年十月十三日）。

次に掲げる表は、二〇一三年と二〇二二年の全核保有国の保有核弾頭数の比較（単位は「発」）である。この表からも明らかなように、米ロ両国は管理コストの削減の必要もあり、核弾頭数を大幅に削減してきた。他方、中国、印パ、北朝鮮は、依然規模は米ロよりも小さいものの、保有数を大幅に増加させており、これらの新興核保有国の台頭が著しい。

また、ウクライナ戦争で核恫喝がしばしば行われたこと及び極超音速兵器やドローンなどの運搬手段の発達もあり、米ロも含め世界的に核戦力の増強近代化の流れが近年強まっている。

	2013	2022	増減
■北朝鮮	10以下	40	**30以上の増**
■インド	90-110	160	**50-70増**
■パキスタン	100-120	165	**45-65増**
■イスラエル	80	90	**10増**
■英国	225	225	**増減なし**
■中国	250	350	**100増**
■フランス	300	290	**10減**
■米国	7,650	5,425	**2,225減**
■ロシア	8,514	5,975	**2,539減**

数字はすべて推定。丸めのため、実際の合計数と異なる場合がある。

（資料源：長崎大学核兵器廃絶研究センター『『世界の核弾頭データ』二〇二二年版』）

米中ロの間では、米国の核戦力の近代化が停滞している半面、中ロは核戦力の増強に努めており、かつ中ロは戦略的パートナーシップ関係にあり、米国の核戦力は中ロの連携した核戦力に対し、劣勢になっている。

北朝鮮は二〇一七年七月にＩＣＢＭ級の「火星十四」、同年九月には六度目の核実験、同年十一月にはＩＣＢＭ級の「火星十五」の発射試験を行うなど、着実に核搭載型ＩＣＢＭの完成に向け開発を進めた。

翌二〇一八年一月二日の新年の辞において金正恩党委員長は、「アメリカ本土を射程におさめた核のボタンが私の机の上にある」と述べるなど、米本土を攻撃できるＩＣＢＭの配備に自信を示している。金正恩委員長は二〇一九年四月の訪ロを契機に、ロシアへの接近を強め、その支援下に活発に各種ミサイルの実験を繰り返している。特に二〇二二年は年間五十九発と急増している。

また、核弾頭の生産も進み、二〇二四年現在では百発程度にまで増産されている可能性もある。例えば、米国のランド研究所と韓国の牙山政策研究所は、二〇二一年四月発表の報告書において、二〇二〇年の保有数として六七～一一六発、長崎大学核兵器廃絶センター（ＲＥＣＮＡ）は二〇二一年六月現在の保有数として四〇発との見積を出している（北朝鮮の核戦力一覧長崎大学 核兵器廃絶研究センター（ＲＥＣＮＡ）(nagasaki-u.ac.jp) as of March 8, 2024)。

北朝鮮国営中央通信は、北朝鮮最高人民会議が二〇二二年九月八日、核兵器保有国だと公式に宣言する法令を採択した。この法令には、核兵器の使用条件なども盛り込まれていると報じた。金正恩朝鮮労働党総書記は、この決定を「不可逆的」なものだとし、非核化交渉の可能性を排除した。さらに自国を守るために先制核攻撃を行う権利まで明文化されている（『BBC NEWS JAPAN』二〇二二年九月九日）。

このように、中ロ朝の三カ国は着実に核ミサイル戦力の質的・量的増強に努めており、米国の核抑止力は、中ロ同時対決を前提にすれば、核戦力バランス上、信頼性を失っている。北朝鮮もＩＣＢＭの開発配備を進めており、その水準は、いかなる大国にも耐えがたい損害を与えられる「最小限核抑止」水準に近づいていると言えよう。

これらの状況を考えれば、日本がこれまで採ってきた、「核抑止は全面的に米国に依存する」との方針では、信頼できる核抑止力が保障されない状況に置かれていると言える。

『平成三十一年度以降に係る防衛計画の大綱（三〇大綱）』においては、「核兵器の脅威に対しては、核抑止力を中心とする米国の拡大抑止が不可欠であり、我が国は、その信頼性の維持・強化のために米国と緊密に協力していくとともに、総合ミサイル防空や国民保護を含む我が国自身による対処のための取組を強化する」と記載されている。

『三〇大綱』を引き継ぎ、安全保障三文書の一つとして二〇二二年十二月に閣議決定された『国家防衛戦略』においては、「防衛の目標」の中で「核兵器の脅威に対しては、核抑止力を中心とする米国の拡大抑止が不可欠であり、第一から第三までの防衛目標を達成するための我が国自身の努力と、米国の拡大抑止等が相まって、あらゆる事態から我が国を守り抜く」と記述されている。

この文言には、米国の拡大核抑止への全面的依存という従来の姿勢からの変化がうかがわれる。米国の拡大核抑止（核の傘）は不可欠とする点は『三〇大綱』と変わらないが、我が国自身の努力が、「国家防衛戦略」では強調され、米国の核の傘の信頼性の維持・強化への協力は明記されていない。

安全保障三文書の最上位にある『国家安全保障戦略』においては、「我が国の安全保障に関する基本原則」の一つとして、「非核三原則の堅持」が謳われているものの、『国家防衛戦略』では、「我が国自身の努力」が強調されている点は、変化と言える。

上に述べた世界的な核戦力バランスの変化を踏まえれば、米国の核の傘に依存するには限界があり、我が国自身の努力が求められる情勢になっていることを、暗に示唆する変化であると言えよう。

高まる核恫喝行使の可能性

現実の国際政治の場では、何度も核恫喝がなされており、近年その頻度は高まっている。公表されたロシアの軍事ドクトリンによれば、ロシアは核兵器を使用するシナリオとして次の４条件を規定している。

一　ロシア又はその同盟国に対する弾道ミサイルによる攻撃が確認された場合
二　ロシア又はその同盟国に対する核兵器又はその他の大量破壊兵器による攻撃が行われた場合
三　ロシアの核兵器の指揮統制システムを脅かす行動がとられた場合
四　ロシア連邦が通常兵器で攻撃され、国家の存立そのものが脅かされる場合

このドクトリンに従えば、もしウクライナのドンバスなど四州がロシア連邦に併合されれば、四により通常兵器による攻撃でも核使用のおそれがあることを意味している。そのような前提での核使用の恫喝は、四州併合の既成事実化を企図したものと言えよう。

また、ウクライナ戦争開始後も、ウラジーミル・プーチン大統領は、戦略的な目的をもって、何度も核恫喝とみられる発言を繰り返している。

開戦直前の二〇二二年二月七日、プーチン大統領は、エマニュエル・マクロン仏大統領との会談で「ロシアは核保有国だ。その戦争に勝者はいない」と述べている。また、同年二月十九日、核弾頭搭載可能なＩＣＢＭと

極超音速巡航ミサイルの大規模な発射演習を行い、「全弾が目標に命中した」と発表している。

プーチン大統領の指揮のもと、戦略的抑止力の向上のためとして、核戦力を運用する航空宇宙軍や戦略ミサイル部隊などが参加し、ミサイルの発射演習を実施した。ここで使用された極超音速ミサイル「キンジャール」は阻止が困難で、かつ精度が高いと誇示している。

この段階では、NATO側に対する、核戦力の誇示による戦争回避のための最終的な抑止を試みたと捉えることもできるが、半面、戦争回避困難とみて、核打撃力を実地に最終確認することが主たる狙いだったとも考えられる。

遂に、二〇二二年二月二四日、プーチン大統領は「住民を保護するため」との理由でウクライナ東部における特殊な軍事作戦の遂行を決断したと発表し、開戦に踏み切った。プーチン大統領は、その際のテレビ演説で「外部からの邪魔を試みようとする者は誰であれ、そうすれば歴史上で類を見ないほど大きな結果に直面するだろう」と語り、核兵器の使用も辞さない構えを再び示唆した。

さらに、「現代のロシアはソビエト崩壊後も最強の核保有国の一つだ。ロシアへの直接攻撃は、潜在的な侵略者にとって敗北と壊滅的な結果をもたらす」と述べ、核抑止力部隊を特別警戒態勢に置くよう命じている。

その後、ロシア側が火力消耗戦をウクライナ側に強いる態勢になり、二〇二三年六月からのウクライナ軍の攻勢は、一部米軍筋の見方ではウクライナ軍が三〇～四〇万人の戦死者を出すほどの大損害を被り、同年十一月末には失敗に終わったとみられている。

ウォロディミル・ゼレンスキー大統領は、攻勢開始直後の二〇二三年六月には「攻勢は困難な作戦である」ことを認めていた。同年十月にＮＡＴＯ事務局長は、ウクライナ軍の弾薬がほぼ尽きかけていると表明、十一月には、ヴァレリー・ザルジニー総司令官が、「戦線は膠着状態にある」と述べ、ロシアが長期戦を有利に進めることへの危機感を示した。彼はまた、欧米から現在、支援を受けている兵器だけでは、ロシアに勝てないとの認識も表明している。

ウクライナ軍は同年十二月ころから防勢に転移し、東部ドンバスの要衝アウディイフカからも二〇二四年二月には撤退を余儀なくされた。

ＮＡＴＯ側は、スウェーデンとフィンランドがＮＡＴＯに加盟し、マクロン仏大統領が、ウクライナへの部隊派遣を排除しないと述べるなど、強硬姿勢が強まった。

これに対し、プーチン大統領は、同年三月のロシア議会に対する年次教書演説に際し、「ロシアの戦略核戦力はその準備を完成させている」、「欧米はロシアが欧米を攻撃する能力を持っていることを理解すべき」などと、核恫喝を行っている。その狙いは、ＮＡＴＯ側の強硬姿勢をけん制し、交渉条件を下げさせることにあったとみられる。

これらの一連の発言も、核恫喝によりウクライナ側を早期に屈服させ、中立化、非軍事化、非ＮＡＴＯ化を実現し、ロシア系住民を保護するという戦争目的の早期達成を狙ったものとみられる。

二〇二三年四月にフィンランドがＮＡＴＯに加盟した。これに先立ちロシアは、同年三月に、ベラルーシ国内への核兵器の配備について合意したと発表している。さらに二〇二四年二月にはスウェーデンがＮＡＴＯに正式加盟した。この動きに対抗し、ロシアはフィンランドと地続き国境となるスカンジナビア正面の兵力を増強するとともに、同正面の核兵器を増強している。

　他方で、ロシアは二〇二二年十月に続き、二〇二四年四月にもＮＡＴＯ諸国に対する核攻撃演習を行っている。

　二〇二四年九月、「英国外務省がウクライナ側の要求に応え、英国が供与したストームシャドウ巡航ミサイルのロシア領内深部への使用を認める方向で検討中」との報道が流れた。これに対しプーチン大統領は、「ウクライナがロシアに向けて長距離ミサイルを発射するのを許さない。ストームシャドウに目標情報を入力し操作できるのはＮＡＴＯの軍人だけだ」と警告し、「そのような動きはＮＡＴＯのウクライナ戦争への『直接参加』を意味する」と述べた。その直後の米英首脳会談では、ウクライナの要望を認めるかどうかの話題は直接言及されなかったと報じられていたが、十一月十九日、米国製長距離ミサイルATACMSが初めてロシア国内に撃ち込まれ、同月二十日、ストームシャドウもこれに続いた。

　また同月内に、プーチン大統領は、前記の核兵器使用のドクトリンを修正し、十一月二十一日、ロシアはその報復としてウクライナ領内のドニプロを、音速の十一倍以上の最大速度で突入し、迎撃不可能とみられる新型の中距離弾道弾オレシェニクで攻撃した。

　また同月内に、プーチン大統領は、前記の核兵器使用のドクトリンを修正し、核兵器保有国の支援を受ける非核保有国からの攻撃には、核兵器で反撃できるとの見解を明らかにしている。

　このように、欧州正面ではＮＡＴＯとロシアの軍事的直接対決の様相が強まり、核戦争へのエスカレーションが危惧される状況になっている。ただし、前述したように、核戦力バランスは、ロシアが戦術核戦力では優勢であり、地上戦でもロシアが兵力、装備面でも優勢で攻勢を強めている。そのような状況において、ロシアが先制核使用に踏み切る可能性は低いとみられる。

イスラエル、イランも実質的な核保有国

ウクライナ戦争の終結の見通しが立たない中、中東でも緊張が高まっている。

二〇二三年一〇月七日のハマスによる奇襲攻撃から始まった中東での戦いは、同年十一月には四日間の戦闘の一時休止に合意し一部の人質は解放された。しかしその後イスラエル軍は戦闘を南部にも拡大し、パレスチナ側の死者数は四万七千人を超えた。その約七割は女性と子どもとみられており、米国も含め世界各国でイスラエルに対する非難が高まっている。

ベンヤミン・ネタニヤフ首相率いるイスラエル政権は、ほぼ全閣僚が強硬派から構成されている。彼らはハマスを殲滅し再び脅威になることのないようにするとともに、ガザ地区全土を制圧することを目標として掲げ、目標を達成するまでは戦闘を続けるとしている。

二〇二四年十月、ネタニヤフ政権は、ハマスに対する戦闘は地下陣地も含め一応制圧したとし、レバノン南部のヒズボラに対し激しい空爆を行い、指導者ナスララ師の暗殺に続き、地上侵攻を開始した。これに対し、イランがイスラエルに対し百八十発以上の弾道ミサイル攻撃を加え、イスラエルが反撃するなど、戦争は核戦争にも発展しかねないほどエスカレートしている。

しかし、ハマスのガザ地区での地下陣地は数十年にわたり準備されたものであり、最深部は地下九〇メートル、

総延長五百～七百数十キロメートルとも言われている。このような地下陣地をイスラエル軍が通常戦力で制圧するのは困難で、少なくとも数か月、あるいは一年以上かかるとみられている。

イスラエル軍は、民間経済を支える予備役の将兵を主体に構成されており、数か月以上の長期戦を続けるだけで、国家経済が疲弊する。さらにパレスチナ人労働者も雇用できなくなっているため、労働力が不足している。そんなわけで現に二〇二四年のイスラエルの国内経済の消費は前年同期に比べ約四分の三に、投資は約三分の一に落ち込んでいる。今後も長期戦が続けば、イスラエル経済は破綻するであろう。

イスラエル側は、早期にハマス陣地を制圧する必要に迫られている。そのためには、地下数百メートルまで一挙に破壊できる核爆弾を使うのが軍事的には最も確実かつ効果的な方法である。それを裏付けるように、二〇二三年十一月、ネタニヤフ政権内の閣僚の一人が、ガザへの核兵器使用は選択肢の一つと発言し、停職処分を受けたと報じられている。

このことは、イスラエルが核保有を初めて公式に認めたに等しく、ある意味では核恫喝を、ハマスやそれを支援するアラブ諸国、イランとその支援を受けたヒズボラ等に対して行ったとも言える。ネタニヤフ政権の強硬方針を抑制しようとしている、米バイデン政権へのけん制ともとれる。

二〇二四年九月、イスラエル空軍は地下約四〇メートルに潜んでいたヒズボラの指導者ナスララ師を、「バンカーバスター」と呼ばれる地下深くに侵徹する特殊な爆弾を集中投下して殺害している。バンカーバスターの破壊能力は最大地下七〇～九〇メートルとされ、それ以上の深い目標を破壊するには、核爆弾を使用しなければならない。その意味でも核兵器使用の可能性が高まっていると言える。

このようなネタニヤフ政権の強硬策に対し、イランとヒズボラは、イスラエルによる度重なる要人暗殺に対しても隠忍し、直接の報復には慎重姿勢を取ってきた。しかしイスラエルはヒズボラに対しても空爆を強め、ナスララ師殺害に続き、同年十月、レバノンへの地上侵攻を開始した。

ヒズボラは、十五万〜二十万発保有しているといわれるロケット弾及び十発程度の弾道ミサイルを保有する世界最強の民兵組織であり、ガザ地区での戦闘が長引き犠牲者が増えるにつれて、ヒズボラのロケット弾攻撃はより激化している。

二〇二四年九月、イランのベゼンシュキアン新大統領は、核合意再建と制裁解除を訴えているが、核合意離脱間に兵器級濃縮ウランを入手直前か、既に保有済みになっているとみられる。またナスララ師殺害の報復として、約一八〇発以上の弾道ミサイルをイスラエルに打ち込み、その大多数は撃墜されたものの、一部は着弾し被害を与えたとされている。

そしてイスラエルはこの攻撃に対しさらなる報復攻撃を加えており、両者の争いの決着点は見えない。イスラエル、イラン双方とも実質的な核保有国とみられ、核使用へのエスカレーションの可能性が高まっている。

現段階は、イスラエルからみれば、イランの核保有の芽を摘む最後の好機と言える。場合によっては、イランの地下の核関連施設等を破壊するために核使用をする可能性も排除できない。イランが本格的な核保有に踏み切り、最小限核抑止の水準に近付けば、イスラエルがこれらの秘密の核施設や核ミサイル基地を先制攻撃で破壊することは困難になり、イラン側の報復核攻撃のリスクが高まるためである。

このようなネタニヤフ政権の強硬姿勢に対し、イラン指導部は、イスラエルにイラン攻撃の口実を与えないために比較的慎重に行動しているように見えるが、イスラエルに対するミサイルによる大量集中射撃を反復し、あるいはフーシやヒズボラへの支援を継続するなど、今後も、代理戦争やテロ活動は継続するとみられる。

今後の情勢いかんによるが、ヒズボラとイスラエル、フーシと米英との戦闘は激化しており、イラン国内の強硬派や民衆の不満が高まり、いつ紛争がイスラエルとイランの間のミサイルや空爆の応酬、さらには米国を巻き込んだ直接の戦争に拡大するか、予断は許さない。いずれの場合も、核使用の可能性は高まることになるであろう。

またトルコがロシアの核兵器を国内に持ち込んだとの未確認の情報もあり、トルコのレジェップ・タイイップ・エルドアン大統領は、トルコ軍をガザ地区に派遣する意向も表明している。トルコの軍事介入などにエスカレーションする可能性も排除できない。

エジプトのアブドルファッターフ・アッ＝シーシ大統領も、イスラム同胞の人道的危機を見過ごせないとして、ガザ地区に軍事介入する可能性もある。特にトルコが派兵に踏み切った場合には、エジプトも対抗上、派兵するおそれが高まるであろう。

トルコは国内で三基の原発建設計画を進めており、核保有の潜在能力も持とうとしている。エジプトは、ソ連からスカッドの供与を受け、一九七三年の第四次中東戦争でも使用するなど、ミサイルの配備・運用について長い歴史を有する。

イスラム多数派スンニ派の盟主を自認し聖地メッカを擁するサウジアラビアの動きにも注目が必要である。

サウジアラビアは開戦前の二〇二三年四月、中国の仲介により、イランとの関係正常化に同意していた。他方で同年八月九日付『ウォール・ストリート・ジャーナル』は、米国とサウジアラビアが、サウジアラビアがイスラエルを国家として承認する見返りに、パレスチナ人への譲歩、米国による安全保障の確約、民生用の核開発への支援を得るという取り決めに大筋で合意したと、複数の米当局者の話として報じている。

二〇二三年十月のハマスによる奇襲攻撃直前までは、サウジアラビアを軸として、イスラエル・イランの関係は改善に向かおうとしていた。しかしハマスの奇襲攻撃により、このような動きは止まり、にわかにイランの核疑惑が再び注目される状況になっている。

サウジアラビアは、パキスタンの核開発に当初から資金提供をしており、イランが核兵器を保有すれば、直ちに核保有に踏み切るとしてきた。また運搬手段として、サウジアラビアは中国から中距離弾道ミサイルを導入し、計一〇基以上の、主に「東風－3」と、「東風－2」を保有しているとみられている。

現在の中東情勢は、イスラエルの核使用も、イランとサウジアラビアの核保有の連鎖も、状況によりありうる情勢だと言えよう。今後の中東はどのようになるか、特にイスラエルが長期的にどのような方向に向かうかについては、筆者が作成した「中東諸国の国力・軍事力比較」が参考になる。

イスラエルの中のユダヤ人人口は約七三〇万人に過ぎない。それに対し、その他の中東諸国の人口は表の中の国だけでも三億三千万人を超えている。その他の中東諸国を加えると約五億人とみられ、ユダヤ人人口の約七八倍に達する。

中東全域の面積も七二九万平方キロ、イスラエルの約三三〇倍ある。

経済的にはまだ格差が大きく、一人当たりＧＤＰでイスラエルは、トルコの約五倍、イランとトルコの約八倍あるが、周辺国の経済成長に伴い、その差は縮まっている。軍事力、特に地上兵力は人口格差からイスラエル

中東各国の面積・人口・GDPと軍事力

国名等	人口 ：万人	面積 :万平方キロ	GDP :億ドル (1人当り:ドル)	陸軍 :人	陸予備役 :人	海軍 :人	空軍 :人
イスラエル	950 (ユダヤ人74%)	2.2	4,816 (50,695)	12.6万 TK 2200	40万 核80発	0.95万 65隻	3.4万 601機
イラン(シーア)	8,926	164.8	3,679 (4,122)	35万 TK 4千両 SSM42	陸軍35万、 革命防衛隊 12.5万 計百万 民兵1千万	1.8万 潜水艦3 艦艇5	5.2万 290機
ヒズボラ(シーア民兵)				2.1万	2.5万		ロケット弾 15万発
ガザ地区	222	0.0365	8割支援頼り	ハマス 1.5-2万			同上5500発
ヨルダン川西岸地区	325 難民639	0.5655	計188 (1,950)				
トルコ	8,529	78.4	9,055 (10,617)	26.0万	約30万 軍警察15.2 万	4.5万	5.0万
サウジアラビア	3,595 内サウジ人 1,879	225 1/3砂漠	7,015 (19,513)	7.5万	国家警備隊 10万 準軍事組織 2.45万	1.35万	2.0万 防空軍1.6万 戦略ミサイル軍0.25万
エジプト	10,926	101.4	4,041 (3,698)	31万 中央治安部隊32.5万	47.9万国境警備隊12万	1.85万	3万 防空軍8万

(『ミリタリー・バランス 2023』等により筆者作成)

に不利だが、イスラエル空軍の質的優位は今後、現在のミサイル、ドローン攻撃にもみられるように、軍事技術の発展に伴い縮小している。今後中ロの支援があれば、さらに質的な格差は縮小するだろう。

その上、イスラエル周辺国が核保有をすれば、長期的にはイスラエルが軍事的に劣勢になることは不可避とみられる。その場合、イスラエルが核保有をしていても、周辺国との人口と領土面積の巨大な格差を考慮すると、核戦争でも勝目は無くなり、戦争に訴えればイスラエルという国家の存続すら危ぶまれる時期がいずれ来ることになるであろう。

そのような長期の趨勢を考慮すれば、パレスチナの独立を認め、二国家並立論の立場でパレスチナ人とも、その他の周辺国とも平和共存を図るしか、イスラエルの国家存続の道は無いように思われる。

日本に対しても核恫喝が行われている

ナンシー・ペロシ米下院議長の訪台直後の二〇二二年八月に、台湾国防部は、中国が十一発の弾道ミサイルを台湾周辺の指定した訓練海域に打ち込んだと発表している。そのうち五発は日本の排他的経済水域内に落下したとみられている。この行為は、明らかに台湾のみならず日本に対する核恫喝と言える。日本が台湾有事に米軍に日本国内の米軍基地を使用させるか、自衛隊に対処行動をとらせるなら、中国は核攻撃も辞さないとの警告であろう。

前述したCSISの報告『次の戦争の最初の戦い』でも、米国が台湾有事に日本国内の基地を使用できなければ多数の戦闘機や攻撃機を使用できないことになるため、「日本の米軍基地から活動できることは、米軍の成功にとって非常に重要であり、介入のための必須条件と考えるべきだろう」と述べている。

台湾側は米国からHIMARS（M142高機動ロケット砲システム）などの最新のミサイルシステムを導入するとともに、ミサイルの増産と国産化、長射程化など戦力の向上に努めている。潜水艦も米国の支援を得て、通常動力型八隻を配備する予定になっている。

このような台湾側の戦力向上、トランプ新政権の対中強硬姿勢、日本が五年間で総額四十三兆円に防衛予算を増額させ、南西諸島を重点とし対空・対艦ミサイル網を配備していることなどから、中国封じ込めの態勢が強化される趨勢にある。

中国は、台湾に対する武力攻撃の条件として、台湾の独立、台湾併合の可能性が失われた時、台湾の核保有、台湾国内での大規模な騒擾事態、外国勢力の介入などを挙げている。中国からすれば、中国封じ込めの趨勢を打破し、念願の台湾・尖閣併合による国土統一を成し遂げ、西太平洋の覇権を握るためには、いずれかの時点で米日台の軍事的抵抗を打破しなければならない。その最有力手段として、西太平洋での濃密な核ミサイル網の展開を背景とする核恫喝が日台米になされる可能性が高まっている。

つまり、日本に対する核恫喝、核攻撃がありうることを予期して、必要な備えを早急に整えねばならないところにまで、既に情勢は進んでいる。日本周辺の敵対的な国、中朝ロはいずれも核兵器も運搬手段の弾道ミサイルも、迎撃困難とみられる極超音速ミサイルも含めて保有しているか近く保有するとみられている。

これら諸国の核脅威を、現在の核ミサイルの配備状況から見積もる必要がある。以下はＳＩＰＲＩ（ストックホルム国際平和研究所）のデータに基づいている。

中国の場合、核弾頭の威力は、数百KT（キロトン）が主であるが、対都市攻撃用として約二〇発の数MT（メガトン）の核爆弾も保有している。また中国は、台湾有事での先制核使用を否定していない。尖閣侵略があった場合も、中国は、尖閣は固有の領土であり、台湾同様に「核心的利益」であると主張していることから、核先制使用の可能性は排除できない。

北朝鮮の核保有数は現在最大百発程度であり、出力は最大二〇〇KT程度と見積もられる。北朝鮮は、核の先制使用を排除していない。中でも射程上、日本攻撃用とみられるノドンは約三〇〇発を保有していると見積もられている。二〇二三年九月の露朝首脳会談後、金正恩は、核戦力を「質・量共に高度化」すると宣言している。

ロシアは、二〇二一年六月時点で、米国の五五五〇発に対し世界最大の六二五五発の核兵器総数を保有していると見積もられている。ロシアの核弾頭の数と威力は、主力ＩＣＢＭは八四五発で四〇〇～八〇〇KT、新型の移動式ＩＣＢＭ一三二基以上を保有し、ＳＬＢＭ四一六発の四分の三は一〇〇KT以下、戦略爆撃機の核爆弾二〇〇発は二〇〇～三五〇KTとみられている。

なおロシアは、先制核使用を行う四つのシナリオを明示している。その中にはロシアが通常戦力で侵略され安全保障が危うくなる場合なども含まれており、先制使用を前提としている。

以上から、日本周辺国の核弾頭の平均的な威力は、五〇〇KTから五MTの範囲であり、この範囲の核爆発、特にフォールアウトが大量に生じる地表面爆発を主に損害を見積らねばならない。

問題は、米国と中ロ間の核戦力バランスの変化である。一九九六年以来、中ロは戦略的パートナーシップの関係にあったが、ウクライナ戦争により、欧米も日本もロシアをさらに中国寄りにさせてしまった。

米議会が超党派で設置した戦略態勢委員会は二〇二三年十月十二日に、「米国は核保有国中ロとの同時戦争に備える必要がある」との報告書を発表し、米の核態勢の全面的見直しを求めた。同報告書は、中国は二〇三〇年代半ばまでに配備戦略核弾頭数で米国と同等になり、ロシアはそのころも世界最大の核戦力保有国であり続けるだろうと指摘している。

前述したように、米国が中ロ両国との核戦争に対し同時対処を迫られた場合、長射程のＩＣＢＭでは二分の一、中射程の戦域核戦力では中国の一方的対米優位、短射程の戦術核ではロシアに対し九分の一の劣勢になり、日本など同盟国に対する核の傘は機能しなくなる。

米国の核インフラの整備計画では、本格的な核近代化が軌道に乗るのは二〇三六年頃と予想されており、このような米国の核戦力バランスの劣勢は、今後十数年間は続くとみられる。この間に予想される日本と日本周辺での核恫喝を含む核脅威に対し、いかに抑止するか、核恫喝に屈しない態勢を作るかが今問われている。

日本独自の核保有の必要性

このように、中ロの戦略的連携を前提にすると、戦略核、中距離核、戦術核のいずれのレベルにおいても、米国は劣勢になっている。そのため、米国が同盟国に保証している核の傘の信頼性は低下してきている。

この「同盟国」には当然、日本も含まれる。中国の中距離核の射程内に入っている日本には、これら核戦力を搭載するミサイルが制圧されない限り、米空母の来援が期待できないことになる。制圧には数か月はかかると予測される。

米国が連携する中ロに対し、核戦争にエスカレートするような軍事的挑発ができなくなっていることは、ウクライナ戦争における米国の態度からもうかがわれる。米国が戦闘機、長射程ミサイルなどの攻撃的兵器を戦争のエスカレートを恐れてウクライナに供与しないか、していてもロシア領内奥深くに対する攻撃を許してこなかったのは、エスカレーションを懸念していたためだ。

ただし、前述したように、二〇二四年十一月、米国製のATACMS（最大射程約三〇〇キロ）と英国が供与したストームシャドウ・巡行ミサイル（最大射程約五五〇キロ）のロシア深部に対する攻撃が許可され、ロシアが核搭載も可能な通常弾頭の中距離弾道弾オレシュニク（最大射程約五五〇〇キロ）による攻撃で応じた。事態は、核使用のギリギリ瀬戸際に至っている。

ウクライナに対して米国が採っている、「防衛的装備を送り情報も与え、訓練支援もするが、直接兵員を派遣することも攻撃的兵器を供与することもしない」との軍事援助方針は、日本で有事が起きた際にも適用される可能性が高い。

現在の「日米防衛協力のための指針」でも、日本有事には、自衛隊が「主体的に」防衛作戦を実施し、米軍はこれを「支援し及び補完する」と規定されている。日本がこれまで全面的に依存してきた米国の核の傘の信頼性がなくなってきているとすれば、日本は自ら核保有をするか否かの決断を迫られる。

もし、自ら核保有をしなければ、通常戦力のみにより核攻撃に対処しなければならないが、核の破壊力は前述した通り隔絶しており、通常戦力を整備しても対抗できるものではない。

膨大な通常戦力の整備には、現在の数倍の予算が必要になる。岸田文雄首相は、「防衛力を抜本的に強化し、防衛費の相当な増額を確保する」と明言した。二〇二七年までにNATO並みに対GDP比二パーセント程度に増額することが当面の目標として示されている。

しかし日本は、NATO以上の脅威に晒されている。三二カ国が加盟するNATOは、事実上ロシア一国に対峙している。日本は韓国、台湾との防衛上の協力に制約が課されている上、中ロ朝という核を保有する軍事大国に囲まれている。

日本は、それら三正面の脅威に対し、一国で対処しなければならない。そのうえ、唯一の同盟国米国の来援が遅れ、数カ月の独力戦闘を余儀なくされる可能性が高まっている。

その間に、侵略国から核恫喝を受ける可能性は高い。その際に米国の核の傘が機能しなければ、要求に屈するしかない。結局、通常戦力の増強では核保有国の脅威には抑止も対処もできないことになる。

それだけではない。通常戦力整備で最も問題になるのは、人の確保である。今後少子高齢化が進むため、十八歳から三二歳の自衛官としての採用対象人口は、二〇一八年の一八八一万人から、二〇五八年には一二四一万人にまで減少すると予測されている。

装備品でも開発を開始してから部隊に配備して訓練を重ね、実戦で使えるまでには少なくとも十年程度が必要である。人の養成には装備品以上の時間がかかる。

部隊の中核となる下士官や部隊指揮官を養成するには、数十年の歳月がかかる。今から養成しても、二〇三〇年前後までに起こると予想される、中国の尖閣・台湾侵攻、朝鮮半島危機など、日本を巻き込むおそれのある危機の時代には間に合わない可能性が高い。

通常戦力の増強は必要だが、危機に際し抑止力とするために必要な資源と時間がないと言わざるを得ない。

米国は日本の核保有を許容する

国土の狭い英仏、イスラエルのような国が、核大国に伍して核兵器を有しているのは、最小限核抑止という戦略理論に基づいている。

この理論は、水爆級の破壊力を持つ核弾頭を百数十発程度、相手国に着弾できる能力があれば、いかなる大国にも数千万人の「耐え難い損害」を与えることができ、抑止力として機能するという考え方に基づいている。

ただし、ミサイル防衛システムの発達した今日では、防御システムを突破できる弾頭でなければならない。その点で、極超音速兵器の開発配備が不可欠になっている。日本としては、最小限抑止水準の核弾頭を極超音速兵器に搭載する必要があるだろう。

まずは、米国が日本の核保有を許すのかについて考えたい。米国の共和党系の戦略家の一部では、日本の核保有を認めるべきだとの主張がなされている。その概要は、米国の核の傘は信頼性が低下しており、日本周辺の敵性国が核戦力の増強を進めている以上、日本の核保有を認めるべきだというものだが、それ以外に米国の国益上、その方が有利になるという理由もある。

もし日本に核保有を認めないとすれば、日本は中ロ朝などの核恫喝に屈するしかない。日本がそれら諸国の軍事基地化し、その経済力、技術力も吸収されるとなれば、西太平洋の米国の覇権と安全、東アジア諸国との交易による経済繁栄も維持できなくなる。

それを避けるには、米国自らが大規模な地上軍を派遣して戦うか、核戦争のリスクを犯し対抗するしかない。しかし、それは現在の軍事バランスでは実行困難であろう。米国は、韓国やオーストラリアの原潜保有を既に認めている。トランプ新政権は、日本についても原潜保有、更には核保有を認める可能性はある。トランプ新政権時代は、日本の自立的防衛態勢への転換の好機となるであろう。

トランプ新政権自身のインド・太平洋戦略の基本は、中国を国際的に孤立させ、経済の停滞、ひいては軍事力の伸びの鈍化をもたらすことにより、中国との直接的な軍事的対決を回避しつつ、長期的に中国の国力低下と軍事的脅威の封じ込めを目指すことにあるとみられる。

トランプ新政権の陣容は、対中強硬派で固められている。ウクライナ戦争停戦後は、ロシアとの関係改善を図る一方で、トランプ政権は、最大の脅威と見る中国に対する経済・金融・外交・情報など、主に非軍事的手段による封じ込め政策を、同盟国との連帯のもとに追求するであろう。

トランプ政権としては、直接的な軍事的封じ込めは、中ロ等の大陸国の脅威を受けている日韓台比、欧州NATO加盟諸国などに対する防衛費増額要求と武器輸出増加で対応するであろう。

他方で米国自らは、対中関税引き上げ、金融制裁、AI・IT分野での対中優位確保、中国人徴兵適齢男性不法移民の優先的国外追放等を行い、同盟諸国との協力のもと、中国への投資・企業進出・技術供与の停止、サプライチェーン外し、中国の西側に対する諜報・サイバー攻撃・影響力行使・企業買収・知的所有権侵害等の阻止、スパイと軍関係者の摘発と追放など、非軍事的手段を主体とする国際的な対中封じ込め施策を重点的に行うものとみられる。

仮に、日本周辺で有事が生起した場合、ロシアは欧州、中東正面でも軍事的挑戦を中国と連携して行う可能性は高い。その場合、米軍は欧州、中東正面に主力が転用されることになるであろう。

そうなると予想されるのであれば、日本に核保有を認め、そのような侵略を抑止させ、万一抑止が破綻しても時間稼ぎを可能にして、その間に米国として、他正面での対応も含め、軍事・外交・経済その他の総合的な対応策を講じることができるようにするのが、合理的な選択肢となる。

また、日本が核保有をすれば核不拡散条約（NPT）を脱退しなければならない。しかし同条約第十条では、各締約国は、「異常な事態が自国の至高の利益を危うくしていると認める場合には、その主権を行使してこの条約から脱退する権利を有する」と規定されている。

日本があからさまな核恫喝を受けた場合に、自国の至高の利益が危うくなっているとして、脱退する権利は認められている。特に、日本は唯一の被爆国であり、その点での国際的な理解は得やすいであろう。

また「自衛の限度内であれば」核保有を合憲とする見解は、一九七三年の第七一回国会に第二次田中内閣が提出した「答弁書」でも示されている。

日本の潜在力を裏付ける文献として、一九四五年八月十二日に朝鮮北部の興南で、日本軍が核実験に成功していたとする、ロバート・ウィルコックスによる『成功していた日本の原爆実験 ― 隠蔽された核開発史―』(矢野義昭訳、勉誠出版、二〇一九年)も出版されている。

同書は、米政府内部の機密文書や関係者のインタビューに基づいており、信ぴょう性は高い。同書の冒頭では、ワカバヤシという海軍大佐の核実験目撃に関するインタビューが紹介されている。同証言に基づき米軍は、朝鮮戦争中に興南に数週間駐留していた間に実地調査を行い、近くの古土里という洞窟内で日本軍の地下工場を発見している。

日本が大戦末に核実験に成功していたならば、NPTに規定する「核兵器国」の条件、すなわち「一九六七年一月一日以前に核兵器その他の核爆発装置を製造しかつ爆発させた国」に該当し、同条約から脱退することなく日本は核兵器国になれる。

日本の核クラブ入りは、米英仏など日本と体制を同じくする核保有国にとり、核戦力のバランス・オブ・パワー上も望ましいことであろう。

日本国内には、核爆弾の核分裂物質が既に必要量存在し、数日で核爆弾を製造する能力があると、日米の専門家はみている。また、投射手段としてＩＣＢＭ（大陸間弾道ミサイル）級の固体燃料ロケットも保有している。これらを組み立て、大型トレーラーに搭載し、列島内の地下数百メートルに展開しておけば、移動式ＩＣＢＭとして運用することができる。そのような核兵器システムの整備には、日本なら半年程度で可能とみられ、その費用も数千億円以内に収まるであろう。

日本は核恫喝に屈するべきではない

国際情勢の趨勢を見ると、今後十年以内に日本を巻き込んだ紛争が生起し、侵略国から核恫喝を受ける可能性は高い。また、米国の核の傘が信頼性を失いつつあることは、核戦力バランスの変化から見て明らかである。

しかし、だからと言って、日本に核抑止力が全くないがゆえに、「恫喝に屈するしかない」と即断することがあってはならない。

日本には、数日で核爆弾を保有する能力があり、それを運搬する手段もある。ミサイルの誘導技術、再突入弾頭の技術も既に「はやぶさ」などで実証済みである。また核実験については、日本なら、スーパーコンピューターを使えば、核実験なしでもシミュレーションにより信頼性のある核弾頭を設計できると、米国の専門家はみている。

前述したように、大戦末期に日本が核実験に成功していたとすれば、ＮＰＴ体制内でも「核兵器国」になれる資格がある。大戦間の日本の核開発がドイツ以上に進み、ウラン濃縮用遠心分離機の開発は米国に先んじていた。

日本は被爆国として、道義的にも自衛のための核兵器を保有する資格がある。「日本が自衛目的で核保有することは合憲である」との政府見解は現在も有効である。非核三原則を墨守して、核恫喝に屈すれば、恫喝国の要求を受け入れるしかなく、日本の主権と独立は守れない。日本が主権国家として生き延びるためには、非核三原則を破棄し、核保有国としての潜在力を発揮しなければならない。

「核のない世界」は理想ではあるが、理想でしかない。第二次世界大戦後、大国間の全面戦争が回避されてきたのは、相互核抑止が機能してきたからにほかならない。もし核兵器が全廃されれば、大国間の全面戦争が再発することになるだろう。

また、核兵器についての情報や技術を消し去ることもできない。仮に世界各国が核兵器を全廃しても、独裁者やテロ組織が秘密裏に核兵器を密造・保有することはできる。その脅威に屈しないためには核抑止力を維持しなければならない。

人類は今後も核兵器と共存しつつ生きていくしかない。それが現実である。私たちが、私たちの子や孫が日本という国で生き延びるためには、「日本の核保有」について、核時代の現実を見据えた責任をもった議論を展開しなければならない。

第二節　原潜保有の必要性

「原潜」とは何か

では、日本が核保有するとした場合に、何が適切なのだろうか。それは弾道核ミサイル搭載型原潜（ＳＳＢＮ）だ。ＳＳＢＮは、人口稠密で四面環海の日本の地政学的条件に最も適した核兵器システムである。

ＳＳＢＮの配備は、最も残存性が高く、いったん発射すれば発見撃沈されるため報復用の自衛的核戦力であることなどの特性を踏まえれば、最も望ましい核兵器保有の方式と言えよう。ＳＳＢＮ六隻と攻撃型原潜十二隻を建造・展開するための予算も総額十兆円程度と見積もられ、財政的にも負担可能であろう。

英仏は最小限核抑止戦力を、主にＳＳＢＮに配備している。日本もこのような核戦力保有を目指すべきであり、それは技術的にも予算的にも可能である。その際、核弾頭は突破力のある極超音速兵器に搭載しなければならない。

原潜について詳しく説明しよう。原潜とはそもそも、「原子炉を動力とする潜水艦」を指す。具体的には、核分裂反応時に生成される熱エネルギーを利用してスクリューを回転させる。対して通常動力型潜水艦は、ディーゼルエンジンや鉛蓄電池などを動力とする。世界的にも通常動力型のほうが一般的で、原潜を保有しているのは米国、ロシア、イギリス、フランス、中国、インドの六か国のみとされている。

通常動力潜水艦と原子力潜水艦には、兵器システムとしては、酸素確保、行動期間、速度、探知距離等に格段の差がある。全くの別物とみてよい。その比較を次ページの図に示す。

項目	通常動力潜水艦	原子力潜水艦
発電方式	内燃機関＋発電機＋二次電池	原子炉＋タービン＋二次電池
電力供給	低出力。常に電力消費の節約を考慮しなければならない。電力供給量に限界があり、ソナーの探知範囲なども限られる	装備・推進に十分な電力供給が可能。原潜は原子炉を動力源とし、通常動力潜水艦の十倍以上の推進力があり、空気に依存しない AIP 電池推進よりはるかに大出力である。大電力が供給できるため、捜索能力、特にソナーの探知能力がはるかに大
推進方式	スクリュー推進	スクリュー推進又はポンプジェット推進
水中速力と敵対潜網脱出の可能性	最大 20kt 程度。巡航速度は 15kt 程度と遅い。展開海域までの往復に時間がかかる。一度発見されると敵の哨戒活動範囲からの離脱は難しく、捕捉・攻撃されやすい	最大 30 ～ 40kt 程度と通常動力よりもはるかに高速。かつ高速での巡航も可能。半分以下の時間で目標海域へ移動できる。仮に発見されても敵の哨戒活動範囲からの高速離脱が容易なため、捕捉・攻撃を受けにくい。残存し新たな目標への攻撃が可能
連続潜航時間	電池容量の制約により、長期間潜航できない。蓄電池によるが、数時間程度しか連続潜航できない。空気に依存しない AIP なら 15 ～ 20 日は連続潜航できる。	基本的に制限がない。搭載された酸素発生装置と大規模な食糧と水の保管により、乗組員の休養と交替、再補給が必要になるまで、現実には約 90 日の連続潜航が可能である。
露頂 (潜望鏡やアンテナを海面上に出すこと) の必要性と敵からの発見回避能力	潜望鏡使用、通信及び充電のためのシュノーケリングで露頂が必要。リチウム電池でも潜望鏡深度を維持して数時間はシュノーケリング必要。特にシュノーケリング露頂中は発見される可能性が高く、発見されると哨戒海域からの離脱は難しい	シュノーケリングは不要。潜望鏡使用及び通信では露頂が必要だが、短時間で再潜航可能。高いステルス性に加え、高速水中航行により敵の哨戒海域からの離脱が容易なため、敵に発見されにくい
接敵可能範囲 (目標艦 20kt)	鉛蓄電池 (8kt) では 47 度程度、リチウムイオン潜水艦で 74 度程度	360 度接敵可能であり、目標艦の追尾捕捉も可能
連続航海日数	燃料搭載量の制約による	燃料搭載量による制約はない
居住性	水の消費や空気環境に制約があり、居住空間も狭い	水の消費や空気環境の制約はほぼ解消。居住空間も広くできるが、原子炉の安全管理、乗組員の放射線被害からの安全確保のための隔離などの必要性がある
船体の大きさと攻撃力	より小型化できるが、推進力が不足し大型化できず、小型の補完的な武装は 15 ～ 20 発の魚雷またはミサイルのみ (ただし「そうりゅう」型は例外)	推進力が大きく船体を大型化でき、弾道ミサイル等の大型かつ大量の武装を搭載でき、電力供給と相まって、攻撃力が大
作戦海域	浅海域でもより機敏に行動できるが、潜航可能な水深は約 150 ～ 300m	展開にはある程度の深さの広い海域が必要になるが、より深く潜航可能
静粛性と秘匿性	・騒音源は少ない。 ・蓄電池の充電をしない限りは発見されにくい。 ・AIP(空気に依存しない推進システム) の潜水艦は、水温躍層や塩分勾配などの海洋の特性を利用して、所在を隠し、あるいは騒音を減衰させることができる。	・深い海に潜航すれば、捕捉は極めて困難。ただし、大型のため浅海域では発見されやすい。 ・旧式原潜は騒音が高く、探知され易いが、最新の原潜は通常動力潜水艦より遥かに静粛である。 ・但し、探知の兆候を与える、冷却水の循環、高速推進タービン、減速用歯車、パイプ内の通過蒸気、代替用の発電機、電力負荷など様々の騒音源が存在し、これらの雑音抑制の為船体は大型化する。このため、抵抗や渦流もより生じやすい。
エンジンの遮断と再稼働	原潜のように常に運転しておくことなく、必要な時にはエンジンを遮断し再稼働できる。	原子炉は常に運転しておく必要があり、遮断できない。
コストとリスク	より安価かつ容易に、建造、訓練、維持管理、補修、廃棄ができる。	建造、訓練、維持管理、補修、廃棄により費用が掛かりリスクを伴う。燃料代不用の為、運用コストは安い。
特別な施設の必要性	停泊や燃料再補給のための特別なインフラを必要としない。	停泊と燃料再補給に特殊なインフラを必要とする。

(資料源 : 海自原潜構想研究会資料「海自原潜導入の勧め」等諸資料に基づき筆者作成)

通常動力潜水艦と原子力潜水艦の比較

近代的な海軍は原潜を積極的に取り入れる方向で出発したが、ロシア、中国、インドなどは原潜と共に多数のディーゼル潜水艦も運用している。ディーゼル潜水艦は相対的に安価で、小規模の海軍でも取得し運用できることもあり人気が高い。

ドイツの「二一二」型、ロシアの「改良キロ」型、フランスの「スコルペヌ」型や日本の「そうりゅう」型などは、最も先進的な通常動力潜水艦である。二一二型は小型で極めて静粛性に優れ、三十名前後の少人数の乗組員で運用できることで知られている。改良されたキロ型潜水艦は、さらに静粛で強力な火力を持ち、その魚雷発射管から射程約三〇〇キロメートルの「クラブ」対艦ミサイルを発射できる。「そうりゅう」型は、比較的大型で、小型の潜水艦に比べ長期作戦能力に優れている。「そうりゅう」型は対潜潜水艦（ＳＳＫ）の中では、最大級で最も重武装をしている。

なお、日本の「そうりゅう」型の後継の「たいげい」型通常動力潜水艦では、基本設計の段階からリチウムイオン蓄電池の搭載を前提として、その特性を最大限に活かすことが重視されている。その性能は、通常動力潜水艦では世界最高水準のレベルにある。

通常動力潜水艦と原潜を混用するか否かは、ケース・バイ・ケースだが、運用隻数の少ない日本としては、原潜に一本化する方が良い。ただし、リチウムイオン電池など優れた国産技術も原潜に採り入れ、より高性能化するのが望ましいであろう。

原潜の保有は非核三原則に抵触しない

前述したように、米国の核の傘は当てにできなくなっている。中国原潜の脅威に対抗し第一列島線内での効果的な反撃を行うためにも、対日攻撃用ＳＳＢＮ（弾道ミサイル搭載原潜）に対する抑止にも原潜は不可欠であり、対中朝核抑止力の決め手となる。

地政学的にも、海洋国家日本に最適である。日本は世界第四位の海水体積を有し、近海に原潜を展開できる深海が広範囲に存在する上、支援のための良港も各所に存在する。

原潜は、長期間深く潜航でき航続距離も長く、かつ発見されにくく、仮に発見されても高速度で逃げ切ることができるなど、残存性が最も高い。ただし、いったん弾道ミサイルなどを発射すれば直ちに発見され撃沈されるおそれがあり、あくまで日本が核攻撃を受けた場合の報復用としての自衛的核兵器体系である。

原潜の建造に必要な要素技術は、既に日本には備わっている。日本は通常動力潜水艦の運用実績も長く、その性能は世界一のレベルである。小型原子炉、弾道ミサイルの技術もある。

資金面でも対応可能である。一部専門家の見積によれば、日本なら約十兆円でＳＳＢＮ六隻、ＳＳＮ十二隻の建造・展開が可能であり、一隻なら五～七年以内に約三千～五千億円で建造可能とみられている。

韓国国防部は二〇二〇年八月に発表した「二〇二一～二〇二五年国防中期計画」の中で、「張保皐（チャンボゴ）Ⅲ潜水艦」建造計画を明らかにし、四〇〇〇トン級の張保皐Ⅲバッチ（注：ある一群の製造品）三が原潜になることを認めている。米英豪三国首脳が二〇二三年三月、豪州も二〇三〇年代に最大五隻の米国製原潜を調達するとの工程表で合意している。

日本には、原子力船「むつ」の実績もあり、船舶用小型原子炉の技術は既に保有している。原潜用として小型原子炉技術を磨き民間船舶用に転用すれば、化石燃料の節約、日本のエネルギー自給率の向上にもつながる。原潜保有には、これらの多面的な利点があり、かつ原潜の保有のみであれば、「非核三原則」にも抵触しない。

ウクライナ戦争以降世界は、各国がそれぞれの国益をかけて離合集散する群雄割拠時代に入っている。戦後日本が長らく採ってきた、核抑止力以下安全保障の根幹を米国に依存するという安易な米国追従政策が通用しない時代になっている。

非核三原則や専守防衛という、「日本が自主的に自衛力を抑制していれば、自国の安全は保障される」という虚構に安住できる時代は終わった。日本は自らの力で自国を守れる体制に早急に転換しなければ、もはや自国の存続すら危うくなる時代になっている。

（本論は、https://jbpress.ismedia.jp の寄稿記事に修正付加したもの）

中国は一九五八年から原潜を開発

原潜の重要性については、中国も早くから注目していた。

一般読者向けに書かれた中国の『原潜に迫る（楊連新『走進核潜艇』海洋出版社、北京、二〇〇七年）』では、米国が開発した世界初の原潜「ノーチラス」号と米海軍原潜の生みの親ともいえるハイマン・G・リコーバー提督の生涯、不屈の性格、原潜開発の歴史などを詳細に紹介している。

注目されるのは、一九五八年に中国初の実験用原子炉が運転を始め、ソ連製を元に製造した通常動力潜水艦「六六〇三」が建造され、潜水艦に原子力推進装置を搭載するとの初歩的な構想が立てられたこと、もし原潜が核兵器を搭載すれば、国家軍事戦略上極めて重大な意義を持つ地位を占めると予想されたことが、同書九七頁に明記されている点である。

中国は既にこの頃から、原潜の戦略的意義を高く評価し、国家的事業として原潜の研究開発に取り組んできた。同年六月、毛沢東と党中央に中国の原潜の研究開発と製造に関する報告がなされ、翌七月、この最高機密計画は中央軍事委員会の議事日程に載せられた。七月二八日の中央軍事委員会は、『海軍建設決議』において、海軍が潜水艦の発展を重点とすること、及び各推進装置と弾道ミサイル等の最新技術の成果を取り入れることを強調している。

当時の中国は大躍進政策が採られ、中央軍事委員会の最優先目標は弾道弾搭載潜水艦の研究開発であるとされていた。しかしながら、中国の原潜の研究開発・製造には、その初歩的段階において、種々の克服すべき課題や障害があった。

その要因としては、ソ連がさまざまな要求を突きつけて原潜技術提供を拒んだために、毛沢東が激怒して自力開発を決断したこと、経済困難や科学技術力の不足などが指摘されている。

原潜の特性について、同書の「序」の中では「暗（残存性・隠密性）、蔵（静粛性・低磁場・対ソナー等秘匿性）、殺（弾道ミサイル等の武装力、特殊作戦支援等）、機（水中速度・隠密機動）」の四点を挙げている。

具体的な原潜の性能については、以下のような解説がされている。

「原潜の原子力推進装置は通常動力の推進装置に比べて大きな空間を占有し、戦略任務を遂行するために多数の武装を搭載しているため、原潜は大型となり、トン数も大きくなる。ロシアの「タイフーン」級は水中の排水量二六五〇〇トン、全長一七一・五メートルに達する。原潜の大きな利点として、大型化できるため多くの武装、食糧、ソナーなどを積載でき、乗組員の居住環境をより快適にし、作戦能力を高められるという点がある。半面、目標として大きくなり、その騒音などを捕捉されやすく、近海の浅海域の活動には不便であるという欠点もある」。

戦術的技術的な面では原潜の多くの利点を挙げているが、その性能・諸元などは、前記の通常動力潜水艦との比較表とほぼ同じである。

中国原潜は台湾進攻の鍵

米国は中国の文献に現れた中国原潜の戦略的価値に対する評価についても、詳細に分析している。その一例として、『中国の将来の原子力潜水艦戦力』について二〇〇七年二月に出版された著書には、以下のように記されている。

一九九〇年代から、中国にとり急成長しつつある海外貿易のシーレーンを守るために外洋海軍の必要性が痛感されていた。その外洋海軍を掩護するために必要不可欠と認識されていたのが、海洋戦略と〇九三型SSN（攻撃型原潜）の開発であった。

ＳＳＮは、中国の二〇〇五年の『現代艦船』、『艦船知識』では、「潜水艦は中国にとり遠洋での主要な戦力である。…中国のシーレーンを防護することは、海上での安全保障にとり重要な側面になってきている。これは中国海軍にとり新たな任務である」と述べられている。

さらに、「もしも原潜が（日本、台湾、比等の）列島から成る封鎖線を突破できれば、敵の航空対潜作戦の妨害を受けることなく、長距離の作戦を遂行できるであろう。ディーゼル潜水艦との接触を保ちつつ、原潜は、中国軍の遠隔地の作戦での脆弱性とみられている航空掩護の無い戦闘状況においても、はるかに優れた性能を発揮できる」と主張していた。

全般的にみると、中国の原潜には、統合作戦下において他の軍を補完する点が強調されている。しかし新型原潜は、半面では日本の小笠原諸島からマリアナ諸島を経てパラオに至る第二列島線よりも以西では作戦しないだろうとの保守的な分析もみられた。当時は中国近海海域における制海権の確保が重視されていた。

また〇九三型原潜の開発は台湾問題とも密接に関連付けられていた。「要求された国防力を保証し、領土の統一を防護して「台湾の独立」を今後数年間阻止するためには、中国は独自の新型の通常動力潜水艦及び原潜を保有しなければならない」と、特に「原潜の保有」が強調されている。このようにＳＳＮ（攻撃型原潜）は、台湾侵攻における敵の長い補給線に対する理想的な攻撃手段とみなされている。

〇九四型ＳＳＢＮ（弾道弾搭載型原潜）については、その主要任務は核打撃と核抑止にあるとみなされている。中国のアナリストは、ロシアとは対照的に、核戦力の約半数を潜水艦に搭載することを計画していた。「大陸周辺に広大な連続する浅海域を抱えた中国の場合には、地域の特性に応じた作戦上有利な小型のＳＳＢＮを開発する必要がある」と、一部の専門家は述べている。

また、最高度の生存率を確保できる兵器として、ステルス性と機動性に富んだＳＳＢＮの継続的な開発が必要との見解もある。〇九四型ＳＳＢＮの追求は、中国大陸が核攻撃をされないよう抑止するとともに、局地戦において第三国の直接介入を阻止することを保証する効果を得るために不可欠との見方もある。

これらの分析の背景には、今のところ中国の核抑止戦力は未だ不十分であり、そのため、台湾海峡危機において米国が介入する潜在的可能性は極めて高いとの見立てがある。「もしも台湾海峡において戦争が起こり核戦争の危機に直面すれば、米国が台湾海峡の軍事的危機に介入することは極めて困難になるだろう」と考える専門家もいる。

また、米国の戦域ミサイルシステムの展開とミサイル防衛システムの研究開発に対し、何もせずに看過はできないとし、対抗手段として、これらの防御システムを突破できる対抗手段が必要であり、その中でも最も重要なものが、より優れた防御突破能力を持つ新型の原子力推進戦略ミサイル潜水艦であると、原潜重視の姿勢を示している。

他方で中国は、核戦力の先制使用はしないとの方針を今のところ維持しており、ＳＳＢＮについても同様である。また配備数についても、過剰にＳＳＢＮを保有する必要はなく、陸海配備の核戦力を含めた均衡がとれた海軍を追求すべきだとする議論もある（Edited by Andrew S. Erickson et al., China's Future Nuclear Submarine Force, Annapolis, Maryland, 2007, pp. 192-194）。

以上が、同書で述べられている、中国の原潜の運用原則等である。これらの列記された運用原則などは、いずれも妥当なものであり、二〇〇七年時点で、このような分析がされていたということは、長年にわたる運用教義の研究開発の成果の一端を示すものと言えよう。また同書では、原潜の安全性や事故防止、居住環境の改善なども重点的に紹介されており、現実的な運用を前提とした実戦的な内容になっている。

中国が西太平洋において採っているとされる「接近阻止／領域拒否（Ａ２／ＡＤ）」戦略について、『令和二年版防衛白書』では「米国によって示された概念で、アクセス（接近）阻止（Ａ２：Anti-Access）能力とは、主に長距離能力により、敵対者がある作戦領域に入ることを阻止するための能力を指す。エリア（領域）拒否（ＡＤ：Area-Denial）能力とは、より短射程の能力により、作戦領域内での敵対者の行動の自由を制限するための能力を指す」と定義されている。

中国は、地上配備と海空戦力に搭載された、濃密な各種対艦・対空ミサイル網により、Ａ２／ＡＤ戦略態勢を採っているが、それに掩護される態勢で沿岸海域にＳＳＢＮを展開している。

『令和六年版防衛白書』では、「射程一万二千キロメートルに達するとされる射程延伸型ＳＬＢＭ（潜水艦発射弾道ミサイル）のＪＬ－３もジン級ＳＳＢＮに搭載され、中国の沿海域から米本土を射程に入れることが可能となっているとの指摘もある」としており、中国は南シナ海あるいは日本海等から、直接米本土を攻撃できるＳＬＢＭを既に配備しているとみられる。

このように、中国のＳＳＢＮの能力は飛躍的に向上している。我が国も、中国のＡ２／ＡＤ戦略に対抗しバランス・オブ・パワーを維持するために、四面環海の地政学的利点を活かせる原潜を保有する必要性が高まっている。

第三節　日本が原子力潜水艦（原潜）を保有すべき理由とその可能性

原潜保有の戦略上の必要性

通常動力潜水艦は乏しい電力を水中行動力と武器に分配しており、両者はバーター関係にある。そのため、水中行動能力と武器能力は妥協点として決まり、限定される。ソナーの探知能力や残存性も低く、電池が尽きれば、スノーケル航走により発電機を起動し回復しなければならない。その際に、雑音が発生し、マスト類が海面に上昇、大開口部が存在することになる。その間、敵の探知・攻撃に対して極めて脆弱である。

また、原潜に対抗できる対潜能力を保有する国は数か国に過ぎない。特に中朝にはこの能力はいまだにない。日本が原潜を保有すれば、中国の近海に出撃しても、中国側が対潜作戦により日本の原潜を撃沈することはできない。

A２／AD戦略態勢の下では、東シナ海、日本海、南シナ海などの第一列島線内は、世界一濃密といわれる中国沿岸部に展開した各種対空ミサイル、戦闘機、ドローン等からなる圧倒的な防空網により掩護されている。

このような第一列島線圏内においては、自ら進出して、中国の水上艦艇や潜水艦を撃破できるのは、航空機や水上艦艇では困難で、原潜と機雷しかない（その他の手段として敵の射程外から発射するスタンド・オフ攻撃可能な長射程ミサイルがあるが、進出はできない）。

すなわち、原潜の報復打撃力としての戦略的価値は極めて大きく、残存性が高いため信頼できる抑止力にもなる。

主要国の潜水艦戦力と今後の趨勢

最新のデータによれば、主要国の潜水艦戦力と今後の趨勢は以下の通りである。

○米中の潜水艦戦力比較

・米：SSBN十四隻、SSGN（巡航ミサイル原潜）四隻、SSN（攻撃型原潜）五〇隻
　これら兵力（除くSSBN）の六〇パーセント（約三一隻）が、太平洋方面に展開可能。

・中国：SSBN四～五隻（二〇三〇年八隻）、SSN六隻（二〇三〇年十三隻）、SS（通常動力潜水艦）約五〇隻余（二〇三〇年五五隻）、総計約六〇隻余（二〇三〇年七六隻）
　中国は潜水艦八〇隻体制を目標としているとみられる。

○中国の新型原潜

・SSBN〇九六型（唐型）

排水量：二〇〇〇〇トン、武装：JL-3SLBM十六～二四基（射程二万キロ程度、中国の沿岸から完全に米本土は射程内）

速力三六ノット、安全潜航深度六〇〇メートル、自艦雑音は〇九四型に比べ二〇デシベル低下

・SSN〇九五型（二〇二一年十一月、建造中の一部船体を確認か？）
排水量：八〇〇〇トン、武装：VLS（垂直発射システム）十六基（YJ－18（射程五四〇キロ、CJ－10（
射程二五〇〇キロ））、対地・対艦長射程巡航ミサイル
安全潜航深度五〇〇メートル、雑音低減は現有米ロスアンゼルス級に匹敵か？
・〇九六型も〇九五型も、二〇二〇年代中期以降、就役予定

〇ロシア

・SSBN六隻（内二隻は新型ボレイ級）
・太平洋艦隊：SSGN五隻（順次、近代化改装中）、SSN四隻（新型艦六隻に改装中）、SS約十隻、総計約二五隻
・ベルゴロド級原潜を建造中、直径二メートルの発射管二基（核推進魚雷ポセイドン）

〇北朝鮮

・SSB（弾道ミサイル搭載通常動力潜水艦）一隻建造中、武装はSLBM（潜水艦発射弾道ミサイル）二～三基（射程二千キロ以下）
潜水艦発射技術は未熟で、目標は韓国、日本であり、日本の弾道ミサイル防衛システムではSLBMの迎撃は困難とみられる。
・SSB一隻（試験艦）はコールドローンチ方式の発射に失敗し修理中か？
・SS二〇隻、ミゼット五〇隻

なお、金正恩は二〇二一年一月、原潜の計画研究を完了したと発言している。

○韓国

韓国国防部は二〇二〇年八月に発表した「二〇二一年〜二〇二五年国防中期計画」を通じて「張保皐（チャンボゴ）Ⅲ潜水艦」建造計画を明らかにしたが、国防部は当時、四千トン級の同艦が原子力潜水艦であることを認めている。

原型はＫＳＳ-３バッチⅠ、ＶＬＳ玄武二（射程九〇〇キロ）は二〇二一年九月に発射成功。

○米同盟軍対中国の潜水艦戦力の現状と将来の比較

米原潜三二隻＋日本通常動力二二隻＋豪通常動力六隻＝総計六〇隻（内原潜三二隻）

将来は、米原潜二隻＋日本通常潜二三隻＋豪ＳＳＮ八隻　＝総計六三隻（内原潜四〇隻）

中国原潜十一隻＋通常動力約五〇隻　＝総計約六〇隻（内原潜十一隻）

二〇三〇年、原潜二一隻＋通常動力五五隻　＝総計七六隻（内原潜二一隻）

米国原潜部隊はロシアにも対抗しているので、米国のみでは潜水艦戦力は不足する。

米同盟国側には日豪の原潜を含む潜水艦戦力の増強が不可欠。

しかし量的増強には限界があり、質的増強すなわち攻撃型原潜の保有が必要になる。豪の新型潜水艦は原潜に変更になっている。

日本に原潜が必要な理由

本来は米原潜の任務だが、米国は北朝鮮の潜水艦発射弾道ミサイルの射程外であり、米国にとっては二義的な目標に過ぎない。しかし、日本は射程下にあり、核攻撃を受ければ壊滅的打撃を受ける。

北朝鮮の核搭載ＳＳＢ（弾道ミサイル潜水艦）は、通常動力潜水艦であれ原潜であれ、日本にとり深刻な核脅威となるが、その制圧と抑止には原潜が不可欠である。原潜でなければ、日本海や東シナ海に入り持続的な反撃行動はできない。

○中国に対する戦争抑止力の決め手としての価値

中国の「Ａ２／ＡＤ」戦略にとって、潜水艦は大敵である。その理由は、以下の通り。

中国の対潜・対潜水艦戦能力はいまだに限定されており、特に原潜には対抗できない。そのため、原潜が健在し第一列島線内でも攻撃型原潜の脅威を排除できず、水中戦での優勢が確保できなければ、中国は戦争の閾値を超えることはできない。

万一、水中優勢を取れない状況で着上陸侵攻を行えば、たとえ一時的に当初の着上陸部隊が侵攻し敵地を占領できても、後続の艦艇が安全に海上を航行できず、海上からの部隊の増援、物資の補給を継続的に必要な量だけ輸送できなくなる。そうなれば時間と共に着上陸部隊は戦力を失い、被占領国側の反攻作戦に対抗できず結局は敗北することになるであろう。

このような経過予想に基づけば、日本にとり水中優勢の確保・維持が国土防衛上死活的に重要なことは明らかである。そのためのカギとなる戦力は、潜水艦と敵の港湾を封鎖し、敵艦艇の自由な行動を阻止・妨害するための機雷である。

米国の対中戦略は、水中戦に重点を指向し、潜水艦戦と機雷戦をキー・ファクターとみている。日本も安全保障環境の変化に対応し、空母、スタンド・オフ・ミサイルなどの攻撃機能を保有するとともに、強力な対中抑止力の決め手として原潜を保有すべきである。

特に、中国の原潜に対する対潜水艦戦能力は今後とも限界があると予想されることから、日本が原潜を保有すれば、第一列島線内からの中国側艦艇の動き、特に日本国土への着上陸部隊を輸送する敵艦艇・船舶を封じることができ、着上陸侵攻部隊に対する継続的な増援・補給が保障できなくなる。

すなわち、中国側の侵攻企図そのものを強力に抑止することができる。中国の着上陸侵攻能力は着実に質的量的に増強されており、西太平洋での中国の各種ミサイルの脅威は高まっている。

中国のA2/AD（接近阻止／領域拒否）戦略の脅威により米軍の日本への来援はますます困難になっている。このまま日本が独自の抑止力を持たなければ、対日侵攻を誘発しかねない。日本は、中国に対する強力な拒否的抑止力となる原潜の保有を決断すべき時に来ている。

原潜保有の戦術的な意義

①　クロスドメイン作戦の水中戦における意義

現在の自衛隊はクロスドメイン（領域横断）作戦を追求している。クロスドメイン作戦では、陸海空という従来からの領域に加え、サイバー・宇宙・電磁波などの新領域を含めた全領域における能力を有機的に融合し、その相乗効果により全体としての能力を増幅させることを目指している。

しかし日本は、サイバー・宇宙・電子戦領域で既に出遅れており、致命的な弱点となっている。日中間でもし紛争になれば、これらの新領域での戦いが、陸海空の領域と並行し、あるいはそれに先行して交錯して行われることになるであろう。

その際には宇宙も電磁波空間もサイバー空間も、彼我が入り乱れてあらゆる能力を駆使して戦うことになり、これらの空間は大混乱に陥り、安定した安全な指揮・通信・統制機能の確保すら困難になるであろう。

その中で唯一、水中だけは電波が透過せず、一種の独立的空間として維持されることになる。したがって将来の戦闘では、水中での優位を確保できるか否かが、戦闘全般の帰趨に及ぼす影響は極めて大きくなると予想される。

② スタンド・オフ・ミサイルの普及

米国とその同盟諸国、中国いずれについても、スタンド・オフ・ミサイル、遠距離ドローン及び弾道ミサイルが戦闘の主体になっている。その趨勢はウクライナ戦争でも顕著になっている。中でも水中から発射されるこれらの兵器はどこから、いつ発射されるか予測できず、奇襲効果が大きい。ミサイル防衛システムでもレーダの監視区域外から奇襲的に発射されれば、迎撃は困難である。

このような作戦環境になっている中、通峡阻止のため通常動力潜水艦を配備するという従来からの運用では、その戦術的意義は大幅に低下していると言わざるを得ない。

より能動的機動的な潜水艦戦ができる能力が必要不可欠になっている。そのためには、卓越した水中行動力、機動力、捜索・攻撃能力を持つ原潜の配備が必要である。

③　戦闘能力の残存性の維持・確保

潜水艦による攻撃は、潜水艦にとり最も重要な隠密性を失わせる。ひとたび攻撃すれば、その位置を発見され追尾されることになる。そのため潜水艦側は最大限の隠密性をできる限り迅速に回復しなければならない。そうすれば安全に次の任務を遂行できる。

この点、通常動力潜水艦では、一度攻撃を加え発見されれば、現代の対潜作戦の追尾を逃れるだけの水中の航行速度を出すこともできず、長期間の潜水も不可能なため、いずれ捕捉され撃沈されることになる。

通常動力潜水艦は、一度攻撃すれば捕捉撃沈され、作戦継続は極めて困難であり、出撃すれば母港に戻れない「特攻兵器」に等しい存在である。貴重な乗組員も復帰はできないであろう。

戦闘経験を有した潜水艦戦力とその乗組員は継戦上極めて貴重な存在である。そのような継続作戦能力を持つ原潜の価値は継戦能力を維持する上でも極めて重要である。

近い将来、日本周辺国では原潜保有国が大幅に増加することが予想される。現在保有しているのは、ロシア、中国、インドだが、北朝鮮と韓国は既に開発途上にあり、潜水艦発射弾道ミサイルの水中からの発射試験にも成功している。通常動力潜水艦では、原潜に対抗することはできない。

このままでは、近い将来日本の潜水艦隊の戦力としての価値が低下することは免れない。そのことは、米軍の潜水艦戦力の相対的な低下と相まって、抑止力が低下することを意味している。

④　原潜の特性上の価値
通常動力型との前記比較表参照。

日本は「国産原潜」建造が可能

日本は独自にＳＳＢＮを建造するに十分な技術を保有している。日本の原子炉、ロケット、潜水艦技術はすべて北朝鮮を圧倒している。

○既存の原子炉（加圧水型軽水炉）、潜水艦建造技術で五年以内に建造可能
　その際の性能見積りとしては、排水量約五千トン、速力二七ノット
○小型炉（溶融塩炉）を使用する場合、同炉の開発に五年、建造に五年、計十年程度
　第四世代小型原子炉であるトリウム溶融塩熱中性子炉の特徴は以下の通り。
・ヘリウム高温ガス炉であり、冷却剤はヘリウム、減速材は黒鉛を使用
・出力は軽水炉に劣るがコンパクト（原子炉容器外径五メートル×高さ五メートル）
・熱効率が高い（四五パーセント程度（軽水炉は三五パーセント程度））

・受動的安全性を有する（熱容量が大きく、炉心溶融は生じない）
・溶融塩（トリウム液体燃料）なので緊急時はドレインタンクに排出可能
・放射能汚染冷却水は不要なため環境汚染がない
・コストは軽水炉の約六〇パーセント
・高レベル核廃棄物は少ない

トリウム溶融塩炉については、技術的な課題はあるものの、民間見積もりによれば五年以内に実用化可能とみられている。

なお、海自原潜構想研究会資料『海自原潜導入の勧め』によれば、トリウム溶融塩炉には以下のような利点がある。

軽水炉では固体燃料を使用しているため、燃料交換時には原子炉の蓋を開けなければならない。潜水艦では原子炉の蓋を外すための空間がないため、燃料交換のために潜水艦の外殻解体という大工事が必要になる。このため、最新の米原潜用原子炉であるＳ１Ｂでは、核兵器並みの高濃縮ウランを使用することで、就役中の四十年間は燃料交換不要という運用を実現した。しかし米国は、同盟国であってもこのような高濃縮ウランを提供しないとしているため、日本では、加圧水型軽水炉を利用した長期間燃料交換不要の原潜を開発することは不可能である。

海自原潜のトリウム溶融塩炉は液体燃料炉なので、固体燃料に起因する燃焼ムラや燃料被覆管損傷が起こり得ず、軽水炉のような短期間での燃料交換は必要がない。艦内での核燃料の追加補充により三～六年という長期間にわたり燃料交換不要で可動可能である。

さらに、液体燃料という特性を活かして、三～六年に一度のドック入渠時に外殻解体を行うことなく燃料交換を実施することが可能である。

以上から、トリウム溶融塩炉を搭載すれば、日本独自の優れた原潜の実現が期待できる。ただし、トリウム溶融塩炉はまだ世界的にも実用化した国はなく、実用化には、真剣に取り組んでも五～六年を要すると考えられる。

なお、一九六九年に進水し、その後地球二周以上を航行した実績もある原子力船「むつ」の船舶用加圧水炉を再度建造し転用するという案もある。しかし、「むつ」の船舶用原子炉は開発当時の安全性合格炉であり、今の基準とは異なる。また、更なる小型化も必要とみられ、新たな潜水艦用加圧水炉を開発する必要がある。

いずれにしても、三～五年程度をかけて国産の潜水艦用原子炉を開発しなければならないであろう。

なお、原潜導入に際し、外国製原潜のリース方式やライセンス生産方式など、国産によらない方式もあり得るが、それらには以下の問題点がある。

すなわち、外国製の導入方式では、早期の開発・装備化は可能だが、最新型の原潜の確保や原子炉などの核心技術の修得にはつながらないうえ、早期の損耗補充や自国内での修理・整備も行えず、安定的な戦力維持につながらない。特にライセンス生産方式では、巨額の調達コストが要求されることになり、高濃縮ウランなどの供与は拒否される可能性が高い。

これに対し、国産化の場合は、独自の原子炉開発などに一定の時間と費用が必要になるが、自国独自の原子炉技術等を保持でき、後継艦の開発・建造、原潜の修理・整備も自国で可能である。原子炉を含めた製造技術を持つ日本ならば、国産原潜の実現は可能であり、最善の選択である。

結論

以上本章の分析から、以下のことが指摘できる。

①潜水艦保有数の少なさを考慮すると、原潜への一本化が望ましい。その際、リチウムイオン電池など通常動力用の国産の先端装備も搭載すること

②米豪日と周辺国特に中国の将来の潜水艦戦力のバランスその他の要因を考慮すると、戦略抑止力の維持という観点から、最も残存性が高く報復力にも富むＳＳＢＮと、それを掩護し、日本海、東・南シナ海に展開する中国の潜水艦部隊を撃破し、かつ尖閣・台湾危機に際し、水中優勢を確保し、後続の軍と補給品を途絶できる原潜部隊を、保有すべきである

③原潜保有は、中朝韓などの原潜建造の動向、米国の国防力の相対的低下と戦略転換などの趨勢から見て、できる限り早期に決断し設計建造に着手すべきこと

トリウム溶融塩炉など日本独自の技術による国産原潜の建造・保有は、技術的にも財政的にも可能である。今求められているのは、国民の支持とそれに支えられた政治的決断である。一刻も早い政治的決断を期待している。

第二章　尖閣諸島への自衛隊の常時駐屯

尖閣諸島は紛れもなく「日本固有の領土」である。日本は正当な手段でもって一八九五年、尖閣諸島を国有化した。それにも関わらず、中国は一九七〇年以降、突然根拠のない領有権を主張し始め、それ以降一方的に緊張を高める強硬な手段をとり続けている。中国がこのような態度を示すようになったのは、東シナ海に石油が埋蔵されている可能性が国連の機関より指摘されたからだ。

中国は法律の中で尖閣諸島を自国の領土だと記載し、艦艇による領海侵入を繰り返している。その回数は二〇一九年以降、増加傾向にある。さらに同国は日本の公用機に対し領空主権を主張し、大型の海上ブイを設置するなど、その行動はエスカレートしている。

日本は中国を刺激しないよう、穏健な手段で対応してきた。しかしその対応は、何の効果も発揮していない。尖閣諸島は中国共産党にとって絶対に譲歩できない利益である「核心的利益」の一部であり、現在の対応を続けたところで事態が好転するはずがない。むしろ、どんどん悪化していくことだろう。

このままでは、我が国固有の領土でありながら、その領土主権を侵害されかねない。また差し迫った問題として、日本の海上保安庁は外国の公船に対する武器使用が法律により認められていないが、中国側は認められている。つまり、日本側の艦艇が一方的に攻撃を受ける可能性も十分にある。

現状、日本国内においては、領域警備は警察活動であり、海上保安庁がその任を担っている。陸海自衛隊は、領域警備権限が存在しない。外部からの武力攻撃に対し、我が国を防衛する必要があると認める場合には、「防衛出動」が認められているが、政治的な駆け引きから即座に決断されない可能性もある。

しかし、もし中国による尖閣諸島への侵略が始まったならば、数日以内に〝征服〟されてしまうとの見方もある。ひとたび征服されてしまえば、上陸側の警備は日に日に強固なものになっていくだろう。事態がここに及んでから日本が武力で奪還しようとすれば、甚大な被害は免れない。また日米安全保障条約上も、米軍は日本が実効支配を失った尖閣諸島までを守る義務は有していない。

中国が近年になってから尖閣諸島に対し強硬な姿勢を取るようになった背景には、「台湾」の存在が挙げられる。近年やはり、中国による台湾への軍事的な圧力の高まりが指摘されている。「台湾有事」について、筆者の見立てでは、数年以内に侵攻に踏み切る可能性も十分にあるとみている。

そして地図を眺めてみれば、台湾と尖閣諸島は非常に近い。尖閣諸島は沖縄本島から約４１０km離れているが、台湾からは約１７０kmしか離れていない。中国が台湾をその手中に収めようとしたとき、尖閣諸島もまた危機にさらされる。戦略的に見ても、中国にとって尖閣諸島は台湾に侵攻するためにも重要な場所だ。つまり、台湾有事は尖閣有事と言える。

現在、日米台の連携が図られるようになってきたが、まだまだ発展途上の状態だ。むしろ中国側からすれば、「連携が深まる前に台湾や尖閣諸島を武力で奪取すべきだ」と考える可能性もある。

「尖閣諸島を守る会」代表世話人の仲間均氏によると、現場では自衛隊も海上保安庁も含めて「尖閣諸島を守らなければならない」との意識を強く感じるというが、その危機意識は日本政府を何ら動かしていない。現状日本がしていることと言えば、「尖閣諸島は日本固有の領土である」と繰り返すのみだ。

このような対応を続けていれば、遠くない将来、中国側の侵攻が現実のものとなる可能性が高い。中国による征服、実効支配を阻止するためには、「平時から自衛隊を尖閣諸島に配備すること」が重要だと筆者は考える。

自衛隊を常駐させることで、中国側の上陸を抑止し、仮に上陸侵攻してきたとしても直ちに反撃し、既成事実化を阻止できる。尖閣諸島を守ることは、もはや国益のみならず東アジア、世界全体の利益にも資する。

この章では、改めて尖閣諸島の問題を紹介したうえで、中国の野望や台湾進攻のシナリオ、なぜ尖閣諸島に自衛隊を駐屯させることが必要なのかを掘り下げる。

第一節　紛れもなく「日本固有の領土」である尖閣諸島

尖閣諸島は「日本固有の領土」

尖閣諸島は魚釣島を中心とする一群の島々で、魚釣島と最も遠い大正島とは約百十キロメートル、久場島とは約二七キロメートル、近くの北小島、南小島とは約五キロメートル離れている。魚釣島を起点とすると、最も近い与那国島から百五〇キロメートル、台湾本島と石垣島からは約百七〇キロメートル、中国大陸からは約三三〇キロメートル、沖縄本島からは約四一〇キロメートル離れている（左図参照、資料源：外務省『尖閣諸島』）。

このように尖閣諸島はそれ自体が約百十キロメートルにわたり広がり、中国大陸からの距離のほうが沖縄本島よりも近い。かつ中国側は広大な大陸であるのに対し、我が国の領土は分散した離島群である。中国側には多数の海空基地群が展開しているのに対し、南西諸島には官民を合わせても空港・港湾の数が極めて限られている。日本固有の領土ではあるが、地政学的には防衛警備上有利とは言えない地理的位置にある。

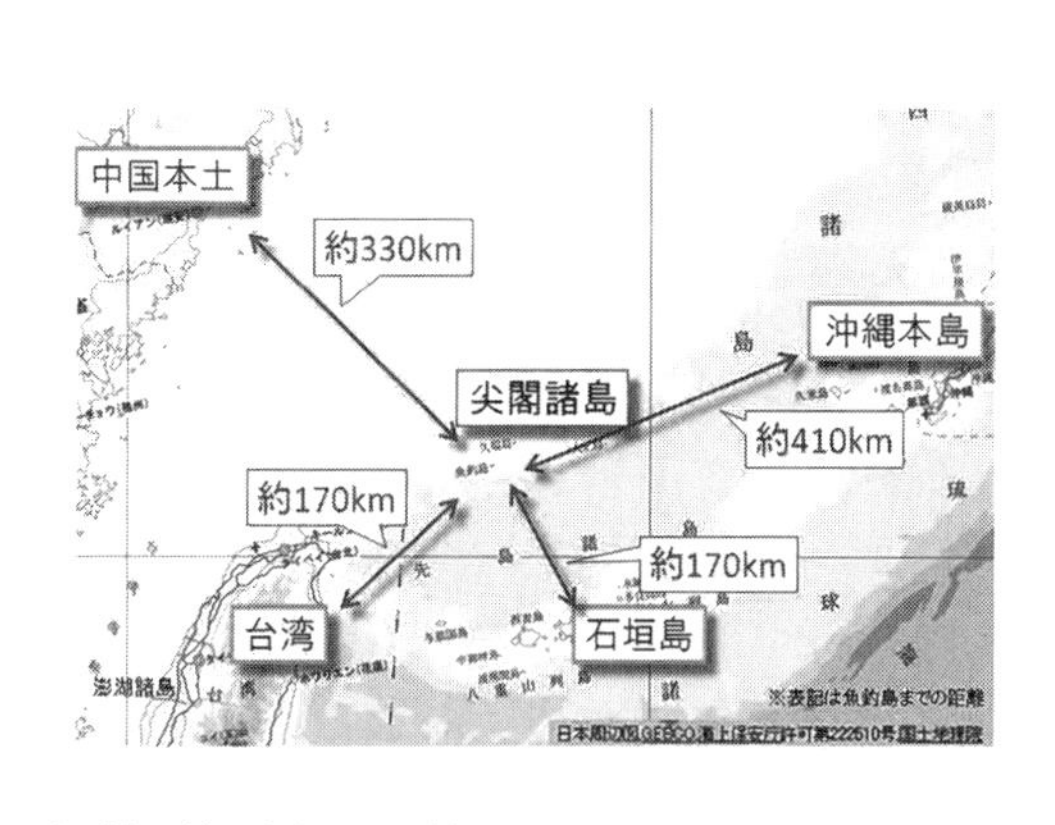

尖閣諸島に関する日本政府の基本的立場は、日本固有の領土であることは明らかであり、日本の実効支配下にあって領土問題そのものが存在しないとの立場であり、その姿勢は一貫している。

例えば、『令和六年版 日本の防衛 防衛白書』(以下、『令和六年版防衛白書』と略称。他の年の版も同じ)は尖閣諸島について、以下のように述べている。

「尖閣諸島(沖縄県石垣市)は、歴史的にも国際法上も疑うことなき我が国固有の領土であり、現に我が国が有効に支配しています。したがって、尖閣諸島をめぐり解決すべき領有権の問題はそもそも存在しません。

日本政府は一八九五年に、他の国の支配が及ぶ痕跡がないことを慎重に確認した上で、国際法上正当な手段で尖閣諸島を沖縄県所轄とすることを閣議決定し、正式に領土に編入しました。中国が尖閣諸島に関する独自の主張を始めたのは、一九六八年に東シナ海に石油埋蔵の可能性があると国連の機関が指摘した後の一九七〇年代以降であって、それまで何ら異議を唱えていませんでした。また、異議を唱えてこなかったことについて何ら説明を行っていません。

それにもかかわらず、中国政府所属船舶が二〇〇八年に初めて尖閣諸島周辺の我が国の領海に侵入して以降、我が国の厳重な抗議にもかかわらず、依然として中国海警船などが領海侵入を繰り返しており断じて容認できません。尖閣諸島周辺の我が国領海での独自の主張をする中国海警船の活動は、そもそも国際法違反です。

このような力による一方的な現状変更の試みに対して、中国側の行動の改善を強く求めています。防衛省・自衛隊としては、国民の生命・財産および我が国の領土・領海・領空を断固として守るため、引き続き、関係省庁と緊密に連携しながら、警戒監視に万全を期すとともに、冷静かつ毅然と対応していきます」

この日本政府の主張は、以下のような歴史的な事実に基づいて、裏付けられている。

清国が尖閣諸島の領有権を主張した形跡は一切ない。一八八五年以降の沖縄県の再三の要請を受け、明治政府は国際法の手続きに従い、尖閣諸島に他国の支配が及んでいない「無主地」であることを慎重に調査確認した後、一八九五年に国標の建設、沖縄県所轄を閣議決定した。それ以降戦前まで、尖閣諸島の住民は最多で二百人を超え、政府の許可の下、古賀辰四郎が経営する鰹節の加工業など、活発な経済活動が行われていた。

一九二〇年には、中華民国駐長崎領事は、尖閣諸島に漂着した中国漁民を救助した島民などに対し、漂着地が沖縄の一部であることを明記した感謝状を贈っている。

戦後、一九五二年四月に「サンフランシスコ平和条約」が発効され日本は主権を回復したが、沖縄は引き続きアメリカの施政権下に置かれた。一九七二年に米国は沖縄の施政権を日本に返還したが、その返還範囲には尖閣諸島が明確に含まれてい

▲古賀辰四郎によって事業経営が行われていた鰹節工場（写真：古賀花子氏・朝日新聞社）

▲一時期は古賀村という村ができるほど、多くの日本人が生活していた（写真：古賀花子氏・朝日新聞社）

※外務省 HP『尖閣諸島情勢の概要』

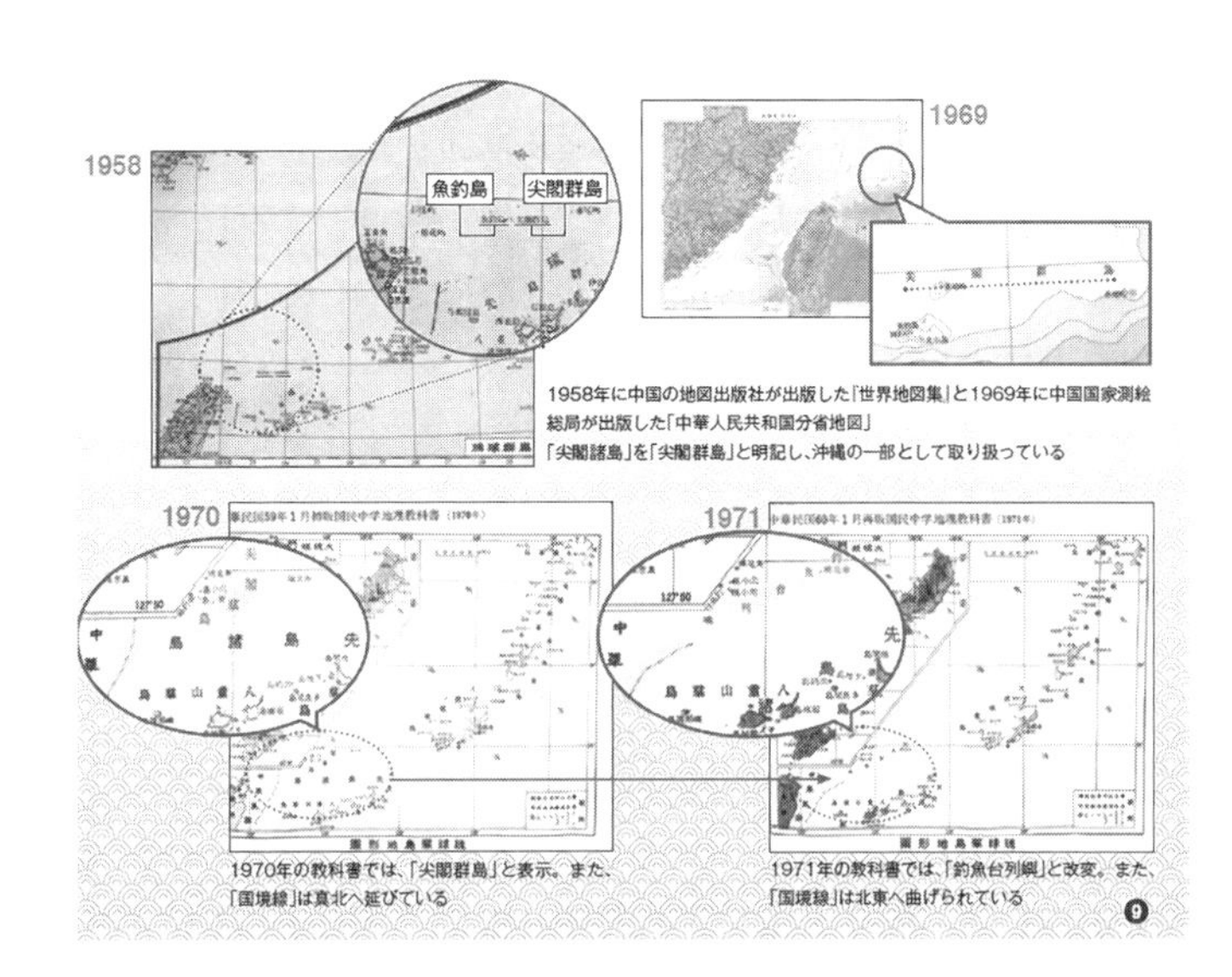

1958年に中国の地図出版社が出版した『世界地図集』と1969年に中国国家測絵総局が出版した「中華人民共和国分省地図」
「尖閣諸島」を「尖閣群島」と明記し、沖縄の一部として取り扱っている

1970年の教科書では、「尖閣群島」と表示。また、「国境線」は真北へ延びている

1971年の教科書では、「釣魚台列嶼」と改変。また、「国境線」は北東へ曲げられている

る。

沖縄返還に先立ち、一九六九年国連アジア極東経済委員会から尖閣諸島周辺海域に石油と天然ガスが埋蔵されている可能性があるとする報告書が出され、それまで領有権を主張したことのなかった中国と台湾が尖閣諸島への領有の主張を始めた（上図参照：資料源：外務省『尖閣諸島』、上図の左上、中国の地図出版社が出版した『世界地図帳』では、「尖閣諸島」と明記し沖縄の一部として扱っている。左下の一九七〇年の教科書では「尖閣諸島」と表示され、国境は真北に伸びている。右下の一九七一年の教科書では「釣魚台列嶼」と改変、「国境線」は北東へ曲げられている）。

以上の経過からも明らかなように、尖閣諸島が我が国固有の領土であることは、歴史的にも国際法的にも一点の疑義もない。

一方的に緊張を高めてきた中国

一方的に現状を変更し日中間の緊張を高めてきたのは中国である。

中国は、一九六八年に初めて尖閣諸島周辺の我が国の領海に侵入した。

さらに一九九二年に突如として「領海法」を制定し、その中に尖閣諸島を中国領と記載し、二〇〇八年以降、中国海警局艦艇の派遣と領海侵入が繰り返されるようになった。

なお、中国海警局の我が国接続水域、領海内への侵入艦艇を「公船」と呼称するのは、非武装の印象を与え、かつ中国側の公権力が及んでいるかのような印象を与えるので、適切な呼称ではない。

二〇〇九年に日本では民主党政権が成立した。民主党政権の領域防衛意思を試すかのように、翌二〇一〇年に入り、尖閣諸島周辺領海内での中国船に対する立ち入り検査が前年は年間六件だったものが急増し、同年九月までに十四件に上った。同年九月七日には逃走中の中国漁船による海上保安庁巡視船に対する体当たり衝突事案が発生した。

これを契機として、当時の石原慎太郎東京都知事は二〇一二年四月、尖閣諸島の私有地の東京都による購入計画を公表して東京都尖閣諸島寄附金を募集し、同年九月に尖閣諸島を洋上から視察した。

このような日本側の動きを封ずるかのように、同年五月、温家宝中国首相が時の野田佳彦首相に対し、中国の尖閣諸島における「核心的利益」を尊重するように要求している。

中国共産党は、「体制の護持」や「経済社会の発展の維持」とともに、「領域主権」を堅固に護持すべき「核心的利益」として掲げており、領域主権を護持するためには、「武力の行使を含むあらゆる必要な措置をとる」との基本方針を採っている。

二〇二一年二月に発効した海警法でも、「国家の主権、主権的権利、及び管轄権が海上において外国の組織、個人の不法な侵害を受けている、もしくは不法な侵害の切迫した危険に直面している場合、海警機構はこの法律及びその他の関連する法律、法規に従って武器の使用を含む必要な全ての措置を講じ、その場での侵害を阻止し、危険を排除する権利を有する」と規定している（『中華人民共和国海警法』第二十二条）。

二〇一二年以降、台湾と並び尖閣諸島も、「核心的利益」として明確に位置付けられるようになったが、それに対し同年七月、日本政府は魚釣島などの所有権を政府に移転する意向を表明し、同年九月に魚釣島、南小島、北小島の三島の購入を正式決定した。

政府と民間、民間同士の尖閣諸島に関する所有権の移転は、それ以前にも平穏に行われてきたのであり、尖閣諸島の現状を日本が一方的に変更しようとしたとする主張は誤りである。

同年七月以降、中国の海警艦艇の意図的な尖閣諸島周辺への侵入事案が、毎月、尖閣諸島領海に対する侵犯事案が延べ十隻前後、接続水域内での確認数が延べ約六十～百二十隻に急増するようになった。

さらに中国は翌二〇一三年には自衛隊艦船に対するレーダ照射事案を起こし、東シナ海での「防空識別圏」を唐突に設定するなど、尖閣諸島周辺での緊張を高める一方的な行為を繰り返している。

特に二〇一九年以降は、接続水域内の確認数が毎月約八〇隻を超えるなど、中国側は圧力を強めている。

二〇二一年一月、外国船舶が中国の管轄する海域で違法に活動し、停船命令などに従わない場合は武器を使用で

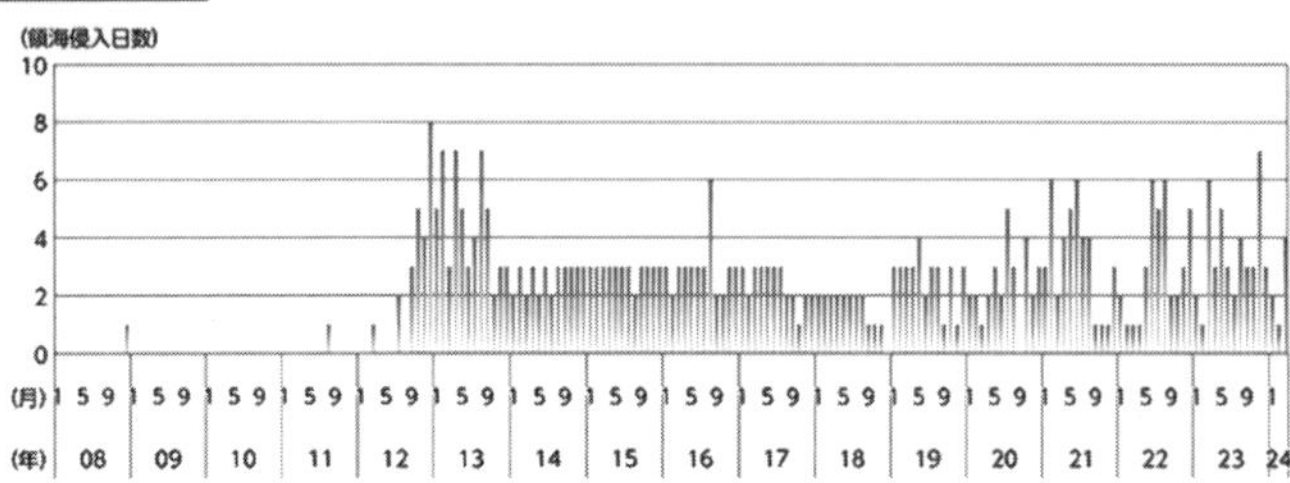

きるとする「領海法」が制定された。

中国海警局に所属する船舶などの尖閣諸島周辺における上段グラフの領海侵入日数は、二〇一二年から急増し、その後一時安定するが、二〇一九年以降さらに増加傾向になっている。（上図参照。資料源：防衛省『令和六年版防衛白書』）

以上の経緯から見て、日本の民主党政権成立を尖閣諸島の領有権主張強化の好機とみた中国側が、領海侵入の増加、中国漁船の意図的な衝突などの強硬手段に出たのであり、それがその後の日本側の東京都購入の動き、国有化などの一連の事態緊迫を招いたことは明らかである。

第二節　尖閣諸島を「核心的利益」とする中国の進む海警局と海軍の一体化

進む中国の海警と海軍の一体化

中国は二〇二〇年二月一日から海警法を施行し始めた。その背景には、長期的な戦略目標達成のための、法制面、作戦運用のシナリオ両面からの練り上げられた戦略が秘められている。

『令和二年版防衛白書』によれば、それまで海上の監視活動などは、「中国海警局」が中国国務院公安部の指導の下で実施してきた。しかし「中国海警局」は二〇一八年七月、人民武装警察隷下に「武警海警総隊」として移管され、中央軍事委員会による一元的な指導及び指揮を受ける武警のもとで運用されるようになった。

『令和六年版防衛白書』は、海警については、以下のように記述している。

すなわち武警は、隷下に世界最大規模の法執行機関とされる海警を有しており、近年、所属船舶の大型化・武装化が図られている。二〇二三年十二月末時点における満載排水量一千トン以上の中国海警船などは百五十九隻であり、所属船舶の中には、世界最大級の一万トン級の巡視船が二隻含まれるとみられるほか、砲のようなものを搭載した船舶の運用も確認されている。また、新型船舶は旧型船舶と比較して大幅に大型化・高性能化しており、その大半がヘリコプター設備や大容量放水銃、二〇～七六ミリ砲などを備えており、長期間の運用に耐えることができ、より遠洋での活動が可能であると指摘されている。

海警は現在、中央軍事委員会による一元的な指導・指揮を受ける武警のもとで運用されている。武警への移管後、海軍出身者が海警トップをはじめとする海警部隊の主要ポストに補職されたとされるなど、軍・海警の連携強化は組織・人事面からも窺われる。また、海軍の退役駆逐艦・フリゲートが海警に引き渡され引き渡され、さらに軍・海警が共同訓練を行っているとされている。

海警を含む武警と軍のこうした連携強化は、統合作戦運用能力の着実な強化を企図するものと考えられる。

尖閣諸島の領有権をめぐる「闘争」で強硬姿勢を強める中国

中国は、近年尖閣諸島周辺における領有権をめぐる「闘争」で、強硬姿勢を強めている。

『産経新聞』二〇二〇年十月二七日朝刊は、中国海軍の艦船による尖閣周辺の領空主張は二〇一九年十一月中旬と下旬に計四回確認されたと報じている。

尖閣周辺では当時、中国海警局の公船が領海外側の接続水域を航行し、海保の巡視船が領海侵入に備えて警戒監視に当たっていた。海保の航空機も上空から哨戒していたところ、中国海軍の艦船から海保機に対し、無線通信で「中国の領空だ」「領空に接近している」などと呼び掛けがあり、空域から離れるように警告されたという。中国が、日本の公用機に領空主権を主張したのは初めてだった。

二〇二三年七月、海上保安庁は、尖閣諸島周辺の日本の排他的経済水域（ＥＥＺ）内に中国が設置した十メートル四方もある大型の海上ブイを発見した。日本政府は、七月十五日に航行警報を発するとともに、外交ルート

第5章　国外海警船 

有火控功能的夜视仪连为一体，可以说是巡逻船上最具有威力的武器。此外，还有2门JM61型20毫米六管“加特林”自动船炮，射速（2门）1分钟1 100发，射程8千米。

船上设置宽大的直升机起降平台和双机机库，可搭载2架AS332直升机。

该船续航力强，能支援较远的外海域的巡逻船。

> 图212　“PLH31”巡逻船后部装备的35毫米自动炮，与夜视仪连为一体，是巡逻艇上最具威力的武器

> 图210　20毫米炮（顶部为光学瞄准镜）

> 图211　“PLH31”巡逻船炮塔两边配有2门20毫米自动炮

> 图213　“PLH31”巡逻船上的卫星天线（前）和对空雷达天线（后）

を通じて抗議し即時撤去を求めた。同月十九日松野博和官房長官は、「関係省庁が緊密に連携し、警戒監視に万全を期すとともに、毅然（きぜん）かつ冷静に対処する」と強調した（『時事ドットコム』二〇二三年九月十九日）。さらに二〇二四年十二月、中国外務省は日本のEEZ内に新たなブイを設置し、「合理的で合法的だ」と主張した。

　なお、中国側は日本の海上保安庁の巡視船の特に武装やアンテナ設備に関心を寄せている。上海交通大学が編集した『海警船』（上海化学技術出版社、二〇二〇年）には、海上保安庁「しきしま」の装備について、四枚の写真が掲載されている。右上から三五ミリ自動砲（日本側は連装機銃と呼称）、右下は、前が衛星通信用アンテナ、後ろが対空レーダ用アンテナ、左上が二〇ミリ砲（日本側は多銃身機銃と呼称）、頂部に光学照準器、左下が二門の二〇ミリ自動砲と紹介されている。

いずれも機銃を「砲」と紹介している。ここにも、海上保安庁を海軍力に準ずる戦力とみなそうとする中国側の意図が表れている。

また「対空レーダ」としているのは、対空捜索用レーダとして装備されている「対空監視装置」である。これは海上自衛隊のＯＰＳ－14あるいはその改良型とみられている（「巡視船 武装の歩み（下）」『世界の艦船』第８２５号、海人社、二〇一五年十一月）。しかし、対空ミサイルは搭載していない。この点も、中国側は、ミサイルと連動しているかのような誤解を生む「対空レーダ」との表現を用いている。

中国の習近平国家主席は二〇二三年十一月下旬、軍指揮下の海警局に対し、沖縄県・尖閣諸島について「一ミリたりとも領土は譲らない。釣魚島（尖閣の中国名）の主権を守る闘争を不断に強化しなければならない」と述べ、領有権主張の活動増強を指示したことが同年十二月三十日、分かった。これを受け海警局が、二〇二四年は毎日必ず尖閣周辺に艦船を派遣し、必要時には日本の漁船に立ち入り検査する計画を策定したことも判明した。関係筋が明らかにした。

岸田文雄首相が二〇二三年十一月中旬の日中首脳会談で習氏に、尖閣を含む東シナ海情勢への「深刻な懸念」を直接伝えたばかりだった。中国側がこの指摘を顧みず、実際の行動によって領有権主張を強める方針であることが浮き彫りになった。（『産経新聞』二〇二三年十二月三十日）。

中国海警局の艦船が二〇二四年一月から、沖縄県・尖閣諸島周辺の日本領空を飛行する自衛隊機に対して、中国の「領空」を侵犯するおそれがあるとして退去するよう無線で警告し始めた。既に数回警告しており、海警局の新たな任務として開始した可能性がある。領有権の主張を強化するよう求めた昨年十一月の習近平国家主席の指示を受けた措置とみられる（『共同通信』二〇二四年二月四日）。

このように、中国海警局艦船の尖閣諸島周辺の日本領空を飛行する自衛隊機に無線で退去警告したことを巡り、玉城デニー知事は二月十六日の定例記者会見で、「問題がエスカレートし不測の事態が生ずることにならないよう、日中両政府に対して平和的、安定的な信頼関係の構築を求めていく」との考えを示している。

しかし、「平和的、安定的な信頼関係の構築」を、このような一方的行動をとる中国に対して求めても期待できないことは、これまでの日本側の度重なる抗議や警告に対し、誠意ある対応をとらず、機を見てさらに強硬な行動に出てきた、中国側の過去の行動の実績を見れば明らかである。

木原稔防衛相は二月六日、「尖閣諸島は歴史的にも国際法上も疑いのない我が国固有の領土であり、有効に支配している」と述べ、中国側が尖閣諸島に関して独自の主張を行う場合には適切かつ厳重に抗議していると説明。玉城知事も政府の見解を「県として支持する」と強調した（『産経新聞』二〇二四年二月四日）。

中国海警のこのような行動の背景には、習近平政権の意思が強く働いている。習近平党総書記は三つの夢を党大会などで宣言している。中華民族の偉大な復興を目指す「中国の夢」、建国百周年の二〇四九年までに米軍をしのぐ世界一の軍隊をつくるという「強軍の夢」、人類運命共同体をつくるという「人類の夢」である。

中でも「強軍の夢」は、「中国の夢」と「人類の夢」を実現するための基礎となる夢であり、他の夢に先立ち実現しなければならないと位置付けられている。「強軍の夢」の実現の中間目標とされているのが、二〇三五年である。

習近平国家主席は二〇一八年三月に憲法を改正し、最長二期十年までと定められていた国家主席の任期を撤廃し、終身国家主席に留まれることになった。一九五三年生まれの習近平国家主席は、年齢的にみて、二〇三五年（八二歳）までは国家主席に留まる意向ではないかとみられている。

国家主席は中央軍事委員会主席も兼ねており、党中央軍事委員会主席は、全武装力量、すなわち人民解放軍、人民武装警察、民兵すべてを統一して一元的に指揮統率する権限を有している。

人民武装警察隷下の海警局、及び海上民兵についても、習近平中央軍事委員会主席が海軍と共に統一指揮することになる。このことは、前記の海警と海軍の一体化の態勢整備の実態からみても、明らかである。

海警の艦艇の将来構想では、潜水艦からステルス艇までを含む最新鋭化が意図されている。またその整備構想においても、宇宙から水上、水中、深海に至る有人、無人の各種システムをネットワークでリンクするという、海軍並みの構想を持っていることには注意を要する。

日本側も、中国側の海警のさらなる高度化、質量両面での増強、宇宙から深海まで含んだ三次元領域を結ぶネットワークの構築と、人民解放軍とのさらなる情報共有、運用上の連携一体化に対応しうる態勢を構築していかねばならない。

第三節　危機にさらされている我が国の国境の防衛警備部隊

格差の著しい日中の海上警護権限と日本の関連法制の不備

他方の日本側の態勢は、海上保安庁法第二十五条では、「この法律のいかなる規定も海上保安庁又はその職員が軍隊として組織され、訓練され、又は軍隊の機能を営むことを認めるものとこれを解釈してはならない」と規定されており、海上自衛隊等に対する軍隊機能としての支援も共同訓練も法的に認められていない。

なお、この海上保安庁法第二十五条の規定は、占領下、連合軍司令部の諮問機関である対日理事会でソ連代表が日本弱体化を目的に挿入を強硬に主張したことにより盛り込まれた条文である（太田文雄『国基研ろんだん』二〇二〇年十一月十六日）。

また同法第二十条二項によれば、「無害通航でない航行を我が国の内水又は領海において現に行っていると認められる」外国船舶が、停船等に応じず、職務執行に抵抗しあるいは逃亡する場合、他の要件もあるが基本的に、他に手段がなく合理的に必要とされる範囲の「武器の使用」が認められている。

海上保安庁法で認められている「武器の使用」は、警察官職務執行法第七条の規定に基づく警察権としての武器の使用であり、正当防衛と緊急避難以外は危害を与える射撃はできず、警察比例の原則に基づき行使されなければならない。

この点について、二〇二一年二月二五日、日本政府は、海警局の船が尖閣諸島への接近・上陸を試みた場合、重大凶悪犯罪とみなして危害を与える「危害射撃」が可能との見解を示した（『産経新聞』二〇二一年二月二六日）。ただし、相手方の艦艇に対する軍事機能として、国際の法規・慣例に反しない限り制限なく武器を使用できるわけではない。警職法第七条を根拠とする警察機能である以上、警察比例の原則は残る。

また、海上保安庁法第二十条二項には、対象となる「外国船舶」について、（軍艦及び各国政府が所有し又は運航する船舶であって非商業的目的のみに使用されるものを除く）との但し書きが入れられている。

この但し書きは、日中両国が加わっている国連海洋法条約では、海上法執行機関に、外国の公船に対する武器使用を認めていないため、日本としては、この国連海洋法条約の規定を遵守することを意味している。

この海上保安庁法の規定によれば、中国海警局の艦艇は、この但し書きの「軍艦」又は「船舶」に該当することから、海上保安官、警備船等は、海警の船舶に対して武器の使用はできないことになる。

他方の中国海警艦艇は、海警法では「海警機構は『中華人民共和国国防法』、『中華人民共和国人民武装警察法』等の関連する法律・軍事法規及び中央軍事委員会の命令に従って、防衛作戦等の任務を執行する」（『中華人民共和国海警法』第八十三条）と定められており、軍事機能も権限として付与されている。いつ、どのような要件の下で軍事的な任務執行が発動されるかは、日本側には判別できない。

このような法的な非対称性がある以上、中国海警局艦艇あるいは海軍艦艇がいきなり強力な威力を持つ武器を使用して攻撃してくる可能性もありうる。そのような場合、海上保安庁あるいは海上自衛隊などの日本側艦艇が撃沈その他の甚大な損害を一方的に被るおそれがある。

日本の海上警備関連法制の改正は急務

中国の海警法は、先に述べたように、中国の主権、管轄権が外国の組織、個人から侵害された場合の武器使用を認めている。また同法第二十条では、中国の管轄海域内の海域や島嶼に違法建造物があれば強制排除できるとしている。

しかし「管轄海域」が具体的に何を指すのか、内水、領海、EEZ（排他的経済水域）、大陸棚のうち何が含まれ、何が含まれないのかは明確には定義されておらず、曖昧さが残っている。

そのため、中国側にとり好都合な恣意的な解釈、運用が可能な法律であり、我が国など周辺国との領有権をめぐる紛争を誘発するおそれがある。中国が「核心的利益」であり領有権を主張する尖閣諸島とその周辺海空域は、中国の「管轄海域」に含まれるとみるべきであろう。

このような法律は、「海洋法に関するすべての問題を相互の理解及び協力の精神によって解決する希望に促され、また、平和の維持、正義及び世界のすべての人民の進歩に対する重要な貢献としてのこの条約の歴史的な意義を認識」するとの、国連海洋法条約の精神に反している。

また、日本固有の領土である尖閣諸島とその周辺領域に対し、軍事権を含む国家権能を一方的に行使することを国家として法的に承認したに等しく、我が国に対する侵略行為を正当化するための「法律戦」の一環と言える。

中国政府は、海警法は国際法と国際慣例に完全に合致していると主張しているが、中国海警法の武器使用規定、作戦任務及び管轄海域のあいまいさは、国連海洋法条約に反し、紛争を生起する危険性をはらんでいる。

中国共産党の海警局を含む全武装力量に対する絶対的指導の確立という基本方針は、二〇一七年の中国共産党第十九回党大会の党規約改正でも最重視されている。海警局の船舶が海警法に従い、中央軍事委員会からの命令又は付与された権限の範囲内で、必要な場合、任務達成のために武器使用に踏み切ることは、間違いない。

また、尖閣諸島の魚釣島にある灯台は国有財産であり、海上保安庁が保守管理しているが、海警が上陸して破壊するおそれもある。

装備面では海上保安庁の巡視船も大型化が進められている。中国は後述するように、二〇一三年には従来四つが乱立していた海上保安機関が中国海警局として整理統合され、更に体制の強化が進められるなど、情勢は急激に変化していた。二〇一六年には、領海に侵入する中国漁船に伴走するかたちで中国公船も領海に侵入する状況も出現し、更に来航する公船も増加していた。専従体制が完成した時点で、千トン以上の巡視船の勢力において既に海上保安庁は中国海警局の半分程度となっており、しかも中国海警局は更に増強を進めていた（秋本茂雄「２００８－２０１８年 進化の10年を振り返る（特集 海上保安庁：創設70周年）」『世界の艦船』第八八一号、海人社、二〇一八年七月、一三〇－一三五頁）。

新型の大型巡視船六、五〇〇トンの「れいめい」級は、このような状況を打開するために建造された新型艦である。

「れいめい」級では、速力二十五ノット以上を確保するため、主機としてディーゼルエンジン四基を搭載し、合計三万六千馬力の出力を確保し、低負荷の燃焼を改善し経済性・低速連続航行適応能力も向上している。推進器は可変ピッチプロペラに換装された。

新型のボフォースMk．4四〇ミリ機関砲二門と二〇ミリ機関砲二門、ヘリ二機を搭載し、遠隔放水銃も装備するなど、武装力等の強化も図られている（れいめい型巡視船 -Wikipedia、二〇二四年二月二十二日アクセス）。

しかし海保艦艇は、基本的に貨物船仕様であり装甲防護力や耐火力は劣る。七十六ミリ砲を搭載した一万トン級の鋼鉄装甲で軍艦仕様の中国海警の船艇には武装力、装甲防護力などで劣っていることは否めない。

中国の海警の艦艇について、前記の『海警船』は、以下のように述べている。

「二〇一三年七月の海警局設立以降、海警艦艇の建設は迅速に発展の道を歩んできた。先進的装備を搭載した大小様々の多種類の艦艇や大型の海警艦艇が出現し、遠洋での巡視可能な総合的巡航法執行艦隊の編成をとれるようになった。新型の海警艦艇は、本国を出て友好訪問を行い、あるいは国際的な総合演習活動にも参加できるように設計されている」（同書、一〇五頁）。

最新型の技術性能、情報化と先進設備はかつてない水準に向上したとし、以下の事項を列挙している。

①技術性能が向上し、情報化、智能化も進み、総合力がさらに増強された。
②千トン以上の海警艦艇の大半にヘリを搭載した。
③航続力が延び、船速が速くなり、遠洋航海時の法執行能力が向上した。
④風に対する抵抗力が向上し、艦艇の安定性が明らかに向上した。
⑤電力推進システムが普遍的に使用できるようになった。

⑥先進的な法執行のための証拠取得用装備が配備されるようになった。
これらの性能の向上による具体的成果として、二〇一二年二月に、中国海警船が法執行活動のため巡航中、東シナ海の中国「専属経済海域内」から、外国の測量船を駆逐したことを挙げている。

それを可能にした新型海警艦艇の能力向上の要因として、新型艦艇の機動性と航速の向上、反応能力の強化、船の長さが七七メートルに達し（大型化し）たこと、船上に最先端のインターネットシステムと監視統制システムが搭載され、高度の科学技術を用いた衛星通信・ナビゲーションシステムを備え、航海の範囲には限界がないなどの点を挙げている。

また指揮系統や権限の面でも日中の格差は大きい。

前述したように中国の海警の船舶は海軍の指揮下にあり海軍仕様の艦艇や海軍に準ずる武装を備え、かつ任務達成のための武器使用、命令があれば即座に軍事機能を果たすことが法的に認められている。それに対し、海上保安庁の警備艇は、貨物船仕様で武装も限定されている。

かつ海上警備行動が発令されても、武器使用の権限は警職法第七条の範囲内での「危害射撃」にとどまり、「海上保安庁法第二十条二項の準用」による武器の使用が規定（自衛隊法第九三条）されているが、「軍艦及び各国政府が所有し又は運航する船舶」は除かれている。このため、このため、前述したように武器の使用も中国海警局の船舶にはできないことになる。

このような、著しい能力及び権限の格差が日中間には存在する。海警と海保の船舶が尖閣諸島周辺の中国側が主張する「管轄海域」であり、かつ日本の領海内で対峙した場合、海保側は海警の武器の威嚇の前に撤退するか、抵抗して一方的に銃撃され被害が出ることになる。海上保安庁の権限や能力を強化しても、軍と一体の海警局艦艇に対抗することには限界がある。

自衛隊法第八十条には、「防衛出動」時、あるいは緊急事態に際して一般の警察力をもつては、治安を維持することができないと認められる「命令による治安出動」時において出動命令があった場合は、「特別の必要があると認めるときは、海上保安庁の全部又は一部をその統制下に入れることができる」と規定されている。

この自衛隊法第八十条の規定と前記の海上保安庁法第二十五条の規定は矛盾しているようにもみえるが、隊法第八十条の規定に言う「統制下」に入る対象は、軍事としての組織、訓練、機能以外に対するものに限るという解釈も可能である。

ただし、そのような解釈をした場合は、海保の船舶と自衛隊との現地での連携は、海保が軍事機能に参加したことになりかねないことから、法規に基づけば中央の判断を仰ぐ必要があり、現場での即時の連携は困難になると予想される。海上保安庁法第二十五条の軍事機能禁止規定の見直しがやはり望ましいと思われる。

もう一つの重大な問題として、陸海自衛隊には領域警備権限がなく、平時の自衛権も与えられていない点が挙げられる。通常の国なら、国境警備に任ずる軍隊には国境侵犯があった場合に即時に対処できるように、陸軍なら連隊長・大隊長級、海軍なら艦長に自らの指揮下にある部隊の範囲内で即時に武器使用、又は部隊としての武力行使の権限を、多かれ少なかれ委任されている。そうしなければ、眼前で侵略を受けても対処できず、警備部隊それ自体の自衛も困難になるであろう。

また、平時でも小規模一過性の自衛権は国際法上も自衛権として認められているとの見解もある。特に海上での領海警備においては、主権侵害行為を即時に排除できる平時からの権限が必要になる（吉田真、『平時からの防衛作用について―国際法に基づく法整備―』一般社団法人平和政策研究所（ippjapan.org））。

特に海警法により中国海警船舶が武器の使用を認められ、その使用要件も曖昧である以上、海警船舶は通常の法執行機関の船舶とはみなされず、軍の一部であり、日本の領海内への無害通航に拠らない侵入は、侵略に該当するとみるべきであろう。

その場合は、警備に当たっている自衛隊側の艦艇、島嶼配備の部隊等は主権侵害行為を排除するための平時の自衛権を行使することができなければ、警備任務は果たせず、一方的に攻撃され損害を出すことになる。海保がそのような侵害行為を排除することは能力上も権限上も限界があることは、述べたとおりである。

尖閣周辺で中国の海警艦艇が日本漁船を追いかけまわし、その間に海自艦艇が割り込み救おうとした場合に、海警から銃撃を受けた場合、海上警備行動が発令されていれば正当防衛・緊急避難、また治安出動が下令されていたとしても警護・鎮圧のための武器使用まではできる。

しかし、平時の自衛権を認め最小限必要な主権侵害排除措置を可能にしておかなければ、警職法第七条準用、治安出動時の警護・鎮圧のための武器使用以上の武器使用や指揮官の指揮下での部隊としての武力行使は、防衛出動下令まではできず、対処できないことになるであろう。シビリアンコントロールの観点からも、武器使用基準を明示し、現場指揮官が行使可能な権限の範囲を明確にしておくことが必要である。

第四節　中国の尖閣・台湾進攻はあるか、あるとすればいつか、成功するのか？

二〇一八年時点に予想された尖閣侵略後の中国による台湾侵攻シナリオ

二〇一八年一月、習近平国家主席は武警（人民武装警察）への隊旗授与式において、「武警を軍の統合的な作戦体系に組み込む」旨、発言した。さらに、軍・海警が共同訓練を行っている旨も指摘されている。海警を含む武警と軍は、こうした連携強化などを通じて統合作戦運用能力を着実に強化している。

このような事実から、海警局艦艇の我が国領海への侵入は、それ自体が組織的な武装力を備えた国家意思を背景とする集団の侵略であり、それ自体が侵略行為であり、防衛出動下令の対象となりうると言えよう。

問題は、防衛出動の下令が適時になされるか否かである。トシ・ヨシハラ著、武居智久訳『中国海軍VS.海上自衛隊ーすでに海軍力は逆転している』（ビジネス社、二〇二〇年）には、開戦から四日以内に尖閣諸島を奪取するとのシナリオが中国の『現代艦船』に掲載されていることが紹介されている。

尖閣諸島が侵略され魚釣島などの占領を許せば、数日以内に、近傍の艦艇に事前に展開されたヘリ部隊やホバークラフトなどに分乗した海軍陸戦隊の特殊部隊が主役となり、尖閣諸島にレーダ、対空ミサイル、地対艦ミサイルなどを揚陸し、迅速に陣地を構築し、既成事実化を図るとみられる。

そのような隙を与えず既成事実化を許さないためには、日本政府が敵の既成事実化以前に防衛出動を下令しなければならない。自衛隊法第七十六条の規定により、内閣総理大臣は、「緊急の必要がある場合には、国会の承認を得ないで出動を命ずることができる」。持ち回り閣議、電話の使用など迅速な手続きを踏むこともできる。

しかし、中国側による日頃からの政府要人などに対する影響力工作が効果を発揮し、閣内や与党から慎重論が出るなど、数日以内に発動の決断を下すことができないおそれは十分にある。

そうなれば、防衛出動下令前に既成事実化、いわゆる国際法上の「征服」を許してしまうことになる。上陸部隊と海空封鎖を排除して尖閣諸島を奪還するには、統合の着上陸作戦を尖閣諸島の中国軍に対して行わねばならない。戦死傷者の発生も避けられないであろう。

時間と共にますます上陸側の防備は強固となり、奪還には犠牲が増えることが予想され、事態打開はますます困難になる。他方では、中国との軍事衝突回避を望む、米国や国際社会の圧力が高まり、我が国は防衛出動を下令せず、和解調停に応じざるを得なくなるかもしれない。

結果的に、尖閣諸島を軍事的に支配しているのは中国となり、我が国は尖閣諸島に実効支配を及ぼしているとは言えなくなる。もちろん、現在の国際法では、「征服」は認められておらず、中国は侵略国として国際社会からも非難されることになるであろう。しかし、尖閣諸島は日米安保条約第五条の発動対象にはならず、米軍は条約上の義務がなくなる。

米軍の来援が無いとすれば、戦力バランス上は、日中の対決のみでは、日本側に勝ち目は乏しい。特に、近隣地域の海空展開基地数が、民間も含めた動員力、地形的・距離的な支援の容易性、戦力配備上などの要因により、日中間には大幅な格差がある。

長期戦になった場合の予備兵力、兵站支援能力などの態勢面でも、自衛隊側は動員態勢に乏しい。仮に防衛出動に踏み切ったとしても、開戦後特に海空戦力は急速に消耗していくであろう。さらに、日本を戦わずして和平交渉に応じさせるため、核恫喝も加えられるかもしれない。そうすれば、日本は屈するしかなくなる。

尖閣諸島は、台湾と対をなす、中国が太平洋に出るための「大門」の「かんぬき」であるとの、人民解放軍戦略家たちの見方がある。すなわち台湾と尖閣諸島は、太平洋に出るために必ずともに確保すべき戦略的要域であるとみなされている。従って、尖閣諸島侵略は台湾侵攻と必ず連動してなされることになる。

その意味では、尖閣単独侵攻の可能性は相対的に低いと言えるだろう。しかし、これまで中国は、米国に新政権が登場した際に半年以内に新政権の意思を探るために、局地的な緊張を高め、米新政権の真意を確かめるという行動を取ってきた。対中強硬派で固めたトランプ新政権に対しても、同様に探りを入れるために、意図的に尖閣諸島をめぐる日中間の緊張レベルを上げる行動に出る可能性がある。

先に述べたように、二〇二〇年一月の海警法制定もそのような行動を正当化するための法律戦の一環と言える。いずれにしても、当面の中国海警の尖閣周辺での動向には、絶えず注視し一瞬の隙も見せてはならない。

尖閣確保のため早急に採るべき施策

早急に採るべき施策として、陸海自衛隊に領域警備権限と警備部隊の主権侵害排除措置のために必要な平時の自衛権を与えられるような法改正を挙げたい。法制的な欠格により生じた初動態勢の不備による既成事実化を、容易に許してはならない。

特に、防衛出動下令前のいわゆるグレーゾーン事態において、敵のさまざまのグレーゾーンの戦いに対し、効果的に即時に対処できる武器使用権限が陸海自衛隊に与えられていないことが、我が国固有の領土である尖閣諸島に対する実効支配の事実上の喪失を招くおそれがある。

さらにその上で、以下の対策を早急に採ることが必要であろう。

①米国防総省がマルチドメイン作戦の遠征前進基地を、尖閣諸島を含む沖縄に展開することを検討しているとの情報がある。そうであれば、自衛隊も必要な多次元統合防衛力を尖閣諸島に展開するための装備と掩護のための陸自部隊を平時から尖閣諸島に配備し、石垣島などに現地統合司令部を常設することが必要である。陸上部隊を配備できれば、抑止力は飛躍的に高まる。ただし、その配備時期は早期が望ましいが、米中の出方を慎重に検討したうえで判断する必要がある

②自衛隊法第八十条を実効あるものとするため、海上保安庁法を改正し、第二十五条の但し書きを削除すること

③海上保安庁法改正の上、自衛隊特に海上自衛隊と海上保安庁の合同訓練、指揮通信システムの共用性確保な

ど、相互の連携行動を迅速容易にする態勢を高めること

④海上保安庁警備船の武装と装甲の強化、艦船の数と乗員の増加などの能力強化及びそのための予算と定員の増加、自衛隊の予算と定員の増加

⑤中国海警艦艇、それを支援する海軍その他人民解放軍の動向、尖閣周辺民間船舶を含めた船舶の動向特に海上民兵とみられる船舶・乗員などの動向に関する継続的な情報の収集と分析、それらの政府関係機関、防衛省・自衛隊、海保間の共有と相互通報

⑥海上自衛隊と米海軍、海保と沿岸警備隊の継続的な情報交換、共同対処計画の策定、共同訓練の実施、台湾及び東南アジア諸国の軍・沿岸警備隊との間の継続的な情報交換等の実施、艦艇・警備艇などの輸出

⑦尖閣諸島防衛等のための台湾とのホットラインの開設、共同訓練・演習の実施、警備計画、対艦・対空ミサイルの射撃範囲等の相互調整、外交的には台湾の国家承認、国交回復、さらには相互防衛条約の締結、防衛政策上は台湾との事故防止協定、ＡＣＳＡ（物品役務相互提供協定）、ＧＳＯＭＩＡ（軍事情報包括保護協定）の締結、装備品と技術の移転、装備品の共同研究開発などが望ましい

⑧緊急時の中国指導部、解放軍・武装警察、海警などとの直接的なホットラインの開設と継続的な連絡維持、事故防止協定の強化

「中国の夢」は日本にとり悪夢である。「中国の夢」の前提となる「強軍の夢」を阻止するには、尖閣諸島を何としても守り抜くことが、日本には求められている。それは日本の防衛のみならず、台湾、米国、韓国はじめイ

ンド・太平洋の自由と民主主義体制の存続のためにも不可欠である。

特に安全保障上の、日米のみならず日台の連携強化が尖閣防衛には必要不可欠である。中国は、台湾を太平洋に出るための「大門」の一対の「かんぬき」として、尖閣諸島と一体とみている。尖閣と同様に「核心的利益」としている台湾が中国の支配下に入れば、南西諸島防衛は危機に瀕し、我が国への南シナ海、南太平洋方面からのシーレーンも絶えず脅威に晒されることになる。

台湾の防衛には日本の死活的国益がかかっており、日台は正に運命共同体と言えよう。台湾防衛のために日本としてできるすべてのことを、今後英断をもって断行しなければならない。

日米と米台は安全保障も含め緊密な関係にあったが、日台間の相互協力は、これまでは経済分野を中心とし、安全保障面では希薄であった。しかし今や、日台両国にとり体制の存続、主権と独立の維持のためには、尖閣防衛をはじめとする安全保障上の相互協力が不可欠な時代になっている。

（以上は、JBPress、二〇二一年三月四日、https://jbpress.ismedia.jp から転載）

第五節　中国の侵攻の有無と成功の可能性

不安定化が進む中国と強まる習近平の尖閣奪取の野心

二〇二二年十月の中国共産党第二十回党大会では、最終日に胡錦涛前総書記が強制退席をさせられるなど、習近平独裁体制が固まったことが印象付けられた。

　しかし、堅持するとしたゼロコロナ政策に対する全国的な反対暴動と同政策の撤回、緩和後の後の感染症の爆発的拡大など、共産党と習近平の統治能力にほころびも窺われた。

　経済と社会面では、改革開放路線を否定し、毛沢東時代の閉鎖的な統制経済に戻して人民に対する監視統制を強化する動きも見られた。

　しかし他方では、少子高齢化の進行、汚職腐敗と格差拡大、不動産バブル崩壊にみられる経済停滞、外資の撤退と欧米による中国のサプライチェーン外しの動きなど、経済を始め総合国力低下の兆しも窺われる。

　経済が低迷し社会が不安定化すれば、たとえ経済成長以上の伸び率で軍事費を増加させたとしても、これまでのような二けた前後の伸び率で増額することは困難になる。また、経済悪化に伴う失業、インフレ、党幹部の汚職腐敗などにより、一般国民の不満が高まり、暴動対処など治安維持により多くの資源を割かなければならなくなるとみられる。軍事費の増額も、従来のようなペースでは困難になり、伸び率は鈍化するであろう。

　そのような中、習近平総書記は、同党大会直後に訪問した軍統合作戦指揮センターにおいて、「全活動を戦いに向け、勝てる能力の向上を加速せよ」と指示した。また、党大会の演説では、台湾統一は「歴史的任務」であり、「武力行使を決して放棄しない」と明言している。

　前述したように、二〇二三年十一月末に習近平総書記は、軍指揮下の海警局に対し、「領土については一ミリたりとも譲らない。釣魚島（尖閣諸島の中国名）の主権を守る闘争を不断に強化せよ」との指示を出している。

二〇二四年に入り、尖閣諸島領空内を飛行する海上自衛隊機に対し海警局の艦艇が退避警告を発する事態も起きている。

台湾周辺海空域でも、中国の海空軍機が台湾海峡の中間線を越え、毎週のように領空領海を侵犯する状況になっている。頼清徳候補が二〇二四年一月の総統選挙で勝利して以降、中国軍機の活動も活発化している。

しかし、果たして本当に台湾への武力行使はあるのか、あるとしていつあるのか、あったとしても成功するのだろうか？

台湾への侵攻は容易ではない

台湾は、九州よりやや小さい三・六万平方キロの島嶼国であり、台湾本島を中心として七十七の付属島嶼からなる。実効支配している島嶼には、本島以外に、澎湖諸島、中国大陸沿岸の馬祖列島、烏土土坍坵島と金門島、南シナ海の東沙諸島、及び南沙諸島の太平島と中州島から成っている。人口は二三四〇万人である。大陸との距離は、本島北部で約一三〇キロメートル、平均約百五〇キロメートルあるが、日本の与那国島とは百十キロメートルしか離れていない。

台湾本島は、南北約三九四キロメートル、東西約百四四キロメートルの薩摩芋のような形をしている。その約半分を南北に縦走する標高三千メートル級の山脈が占めている。台北、台中、高雄などの主要都市は西部の平野部に南北に点在している。

台湾海峡は干満差が大きく潮の流れも速く、海底地形も複雑であり、舟艇の渡洋や潜水艦の行動には不向きである。目指した海岸に達着するための針路維持も容易ではない。

冬季は波が高く夏は暑熱が激しく、秋には台風があり、渡洋作戦に適した時期は、四月から五月、九月から十月に限られる。

上陸適地は台湾本島では十四カ所に限られ、本島の北部台北周辺と、台中から高雄の間に集中している。それらの地域には軍の基地、駐屯地が集中し、人口密集地にも近い。空港、港湾も近くに所在するが、軍事基地として利用され、空挺部隊などの降着も容易ではない。また上陸適地にはテトラポットなどの障害物、機雷なども敷設されており、上陸にはまずそれらの障害物を処理しなければならない。

内陸部は西部では台中周辺が広いが大半が低湿地の水田になっており、戦車などの機動には適しない。内陸部から東岸に至る道路網は山岳を貫く長隘路であり、トンネルの閉塞などで容易に遮断でき、待ち受けて抵抗する上でも有利である。

東部の海岸部の要域には航空基地、ミサイル発射基地、地下弾薬庫、補給処、司令部など重要な軍事施設があるが、急峻な山岳地が海岸に迫り、平地に乏しく、海岸に近い山岳部は、横穴を掘り司令部、航空機、ミサイルなどを秘匿し掩護できる地形に恵まれている。

これらの諸条件を考慮すると、地政学的な環境条件は、防御側に有利で攻撃側には不利とみられる。

台湾は世界第二十一位の経済規模を有し、国民一人当たりの名目所得は三・五万ドルを超えた。特にハイテク産業は重要な役割を果たしている。特に、最先端の半導体生産では台湾積体電路製造（ＴＳＭＣ）が世界シェアの半数以上を制しており、軍民両用分野で戦略的に最も重要な価値を有している。そのため、既に米国での最先端半導体の製造工場建設が始まっている。

ＴＳＭＣは二〇二〇年五月、米国アリゾナ州に五ナノメートル・プロセスの製造ラインを備えた工場を建設することで合意し、二〇二四年に生産を開始する予定になっている。なお、熊本にもＴＳＭＣの工場が移転されるが、五ナノメートルの最先端半導体の生産工場ではない。

中国の台湾併合の大きな目的の一つはＴＳＭＣの技術者と生産ラインの支配にあるとされている。経済安全保障の観点から、ＴＳＭＣなどの先端半導体のサプライチェーンから中国は排除されつつあり、そのため中国国内の先端半導体の生産が一割以下まで大幅に低下しているとみられている。

急速に高まる中国軍事力のグレーゾーンでの作戦遂行能力

二〇二〇年六月、中華人民共和国人民武装警察法（武警法）が改正され、武警の任務に「海上権益擁護・法執行」を追加するとともに、武警は、党中央、中央軍事委員会が集中・統一的に指導することが明記された。二〇二一年一月には、海警の職責や武器使用を含む権限を規定した中華人民共和国海警法（海警法）が成立し、同年二月から施行された。海警法には、曖昧な適用海域や武器使用権限など、国際法との整合性の観点から問題がある規定が含まれているとみられる。

さらに、軍以外の武装力の一つである民兵の中でも、いわゆる海上民兵が中国の海洋権益擁護のための尖兵的役割を果たしているとの指摘がある。海上民兵については、南シナ海での活動などが指摘され、漁民や離島住民などにより組織されているとされている。海上において中国の「軍・警・民の全体的な力を十全に発揮」する必要性が強調されていることも踏まえ、こうした非対称的戦力にも注目する必要がある。

『令和六年版防衛白書』は、中国の国家総力を挙げた将来戦への備えの進展ぶりも指摘している。具体的には、中国軍事力の宇宙・電磁波・サイバーなどの新領域における能力の向上、「IoT情報システムに基づき、智能化された武器・装備とそれに応じた作戦方法を用いて、陸、海、空、宇宙、電磁波、サイバー、認知領域において展開する一体化した戦争」といわれる「智能化戦争」に備えた軍事の智能化、さらに総合作戦遂行能力構築に向けた動きについても言及している。

人民解放軍は、核戦力、最新鋭戦闘機、空母打撃戦力、新型駆逐艦、大型強襲揚陸艦、水陸両用戦部隊、経空侵攻能力などの増強近代化を急速に進め、グレーゾーンの戦い、新領域など将来戦への備えも重視している。

人民解放軍と台湾軍との質的格差は急速に縮まり、あるいは逆転しており、台湾側が量の格差を質で補うのは困難になってきている。さらに、グレーゾーンの戦いや新領域の戦いでも、中国側が有利な態勢を築きつつある。

また、台湾・尖閣侵攻時に最大のネックとなると予想される海空輸送能力についても、中国は軍民融合、全面動員態勢、総合作戦遂行能力を強化しており、民間力を全面利用できる。このため、戦車揚陸可能なRo-Ro船、漁船、民間大型旅客機なども輸送力として有事には軍事利用されるとみられ、過少評価はできない。

前述したように、武警隷下の海警と海軍との融合一体化も進んでおり、尖閣や台湾近海でのグレーゾーンの戦いにおける即応性、軍と一体となった対処力も高まっている。

また、台湾海峡の中間線を越えて中国の海空軍、海警船が常続的に台湾近海に展開しており、台湾本島への多正面からの奇襲的な侵攻あるいは海空封鎖の態勢を強めている。尖閣諸島周辺でも、海警船の常続的展開が強化されている。中国国内でも、核戦力の増強、コメ等の備蓄、ミサイル・弾薬の増産、ドローンの増産・備蓄など、戦争準備態勢強化の兆候が見られる。

近年の尖閣諸島周辺での中国の活動状況について、『令和六年版防衛白書』は、以下のように述べて、警告を発している。

「わが国固有の領土である尖閣諸島周辺においては、中国海警船がほぼ毎日接続水域において確認され、わが国領海への侵入を繰り返している。尖閣諸島周辺のわが国領海で独自の主張をする中国海警船の活動は、国際法違反であり、厳重な抗議と退去要求を繰り返し実施してきている。しかしながら、わが国の強い抗議にもかかわらず、令和五年度においても依然として中国海警船が領海侵入を繰り返しており、二〇二三年も毎月、中国海警船がわが国領海に侵入した。その際、同年三月末から四月初めまでにかけて、過去最長となる八〇時間以上にわたって継続して領海内を航行したほか、日本漁船が尖閣諸島周辺の領海を航行していた際には、中国海警船が日本漁船へ近付こうとする事案が発生している」。

中国側の運用態勢・運用能力も強化されている。

「近年、中国海警船によるわが国領海への侵入を企図した運用態勢は、着実に強化されていると考えられる。例えば、領海侵入の際の隻数は、二〇一六年頃までは二~三隻程度であったが、近年は四隻で領海侵入することが多くなっている。また、二〇一五年十二月以降、砲のようなものを搭載した船舶がわが国領海に繰り返し侵入するようになっている。二〇二三年に尖閣諸島周辺の接続水域で確認された中国海警船の活動については、活動日数が三五二日に達し、活動船舶数が延べ一二八二隻となり、いずれも過去最多となった。

中国海警船の運用能力の向上を示す事例も確認されている。二〇二一年二月から七月までにかけて、中国海警船が尖閣諸島周辺の接続水域において一五七日間連続で確認され、過去最長となった。

尖閣諸島周辺の我が国領空とその周辺空域においては、二〇一二年十二月に、国家海洋局所属の固定翼機が中国機として初めて領空を侵犯する事案が発生した。二〇一七年五月には、尖閣諸島周辺の我が国領海侵入中の中国海警船の上空において小型無人機らしき物体が飛行していることが確認された。このような小型無人機らしき物体の飛行も領空侵犯に当たるものである。

図表Ⅰ-3-2-7　中国海警船の勢力増強

（隻）

	2012	2014	2017	2019	2020	2021	2022	2023
海上保安庁巡視船1,000トン級（総トン数）以上	51	54	62	66	69	70	71	75※1
中国海警局に所属する船舶など1,000トン級（満載排水量）以上	40	82	126	130	131	132	157	159※2

（注）1　2023年度末の隻数
　　　2　2023年12月末現在の隻数 公開情報をもとに推定（今後、変動の可能性あり）
※ 海上保安庁「海上保安レポート2024」による。

このように中国は、尖閣諸島周辺において力による一方的な現状変更の試みを執拗に継続しており、強く懸念される状況となっている。事態をエスカレートさせる中国の行動は、わが国として全く容認できるものではない」

先の中国側の戦争準備強化と、尖閣諸島周辺での活動の活発化を合わせて考慮すれば、尖閣諸島に対する侵略はいつ起きてもおかしくない態勢になっていると言えよう。このような状況をこのまま放置しておけば、中国側の侵略を誘発することになりかねない。

日米台の連携が習近平を焦らせる

人民解放軍による台湾・尖閣侵攻は「ある」とみて備えることが必須である。

二〇二二年九月、中国の王毅外相は、アントニー・ブリンケン米国務長官に対し、台湾を「核心的利益の中の核心」と発言している。

習近平総書記は、二〇二三年十二月の毛沢東生誕百三十周年を記念する演説の中で、「（台湾の）祖国との完全な再統一の実現は、発展に向けた不可避の道筋であり、正しい流れだ。人民が望んでいることでもある。祖国再統一は達成しなければならず、またそうなるだろう」と強調している。

また同演説では、台湾との関係を平和的に発展させる必要があるとしつつも、中台の分離を図るいかなる勢力にも断固として対抗するとの考えを示している。

習近平は毛沢東に並ぶ個人独裁体制を固めたが、見るべき実績がない。このため、毛並みのカリスマ性を得るには戦争での勝利が不可欠な立場に立っている。

他方、香港での一国二制度の崩壊、民主派弾圧により政治統一の可能性は遠のいたと言え、台湾人は九割が台湾にアイデンティティを持っており、若者ほどその意識は強い。

若者の間では、「天然独（生得の台湾独立派）」と呼ばれる、生まれつきの台湾独立派も増えている。二〇二四年一月の台湾総統選挙では、蔡英文総統以上の強硬派で独立派に近いと言われる頼清徳総統が誕生した。ただし、総統選挙での民進党の得票率は約四割に過ぎなかった。もしも、国民党と台湾民衆党が分裂せず、統一候補が立てられていれば、親中派の総統が誕生していた可能性が高い。

同時に実施された台湾立法委員選挙では、総統選挙で勝利した民進党は六二議席から五一議席に減り総数一一三議席の過半数を割った。国民党は三七議席から五二議席をとり、第一党になったが、過半数には届かなかった。

結果的に三議席増の八議席に止まったものの、台湾民衆党が立法院のキャスティングボードを握ることになった。

民進党の蔡英文現総統は、原発に反対でジェンダー論やＬＧＢＴなど米民主党の政策に賛成しており、保守的立場というよりも内政面ではリベラル派と言える。そのような姿勢が保守層の離反を招いたのかもしれない。

頼清徳新総統は、親米派であり蔡英文よりも保守的で、対中政策はより強硬になるとみられる。両岸関係でも、台湾と中国の実質的な両岸間の自由貿易協定と言える経済協力枠組み協定（ＥＣＦＡ）についても、頼清徳新総統は、より厳格な適用を目指すとみられている。

しかし、総統府と立法院はねじれ現象になり、頼清徳新総統の政策が立法院の反対で通らなくなる可能性が高まった。結果的に少数党の台湾民衆党の主張に歩み寄り、法案を通すことになるとみられる。

比例代表制により八議席を獲得（残り二議席は無党籍）し、キャスティングボードを握る立場に立った台湾民衆党は、現状維持または民衆の福祉と大陸との交流促進を重視している。

台湾民衆党は、理念として台湾の利益と台湾民衆の福祉優先を掲げている。具体的政策としては、両岸関係では、交流と相互の認識・理解・尊重・協力の促進、軍事面では兵制改革・軍事訓練強化・兵役期間延長に賛成し、米中紛争が波及することを避け現状を維持するとしている。基本的には現状維持、利益優先だが、軍事的な備えは怠らないとの方針と言えよう。

台湾民衆党の主張が立法化を左右するとすれば、頼清徳総統の安全保障優先の対中強硬策は立法化されにくくなるとみられる。その点では、中国の台湾政治統一の可能性は高まるかもしれない。

しかし頼清徳総統は、二〇二四年十月五日、建国記念日にあたる双十節で、一九四九年に建国された中華人民共和国を「祖国とは絶対に呼べない」と明言するなど、台湾独立を示唆する発言をしており、政治統一拒絶の姿勢を明示するようになっている。

このように台湾の政治情勢は、中国との政治統一の可能性について、受け入れと拒絶の両面が錯綜している状況にある。その一方で、日米台の安全保障協力は進んでいる。

バイデン政権は、ウクライナ戦争下でも台湾に対する武器援助を強化してきた。同政権は二〇二二年九月二日、対艦ミサイルと空対空ミサイルなど、同政権下では最大の十一億ドル相当の台湾向け武器売却を決定している。二〇二二年九月、米上院外交委員会は、台湾をＮＡＴＯ準加盟国並みに扱う「台湾政策法案」を通過させた。二〇二四年の米大統領選挙と上下院議員選挙で、共和党がいずれでも勝利した。その結果、米国はより明確に台湾支援に動くとみられる。

日本でも同様に、今後五年間で抜本的に防衛力を強化するため、二〇二七年までに総額四三兆円の関連予算を確保するとの方針が明示され、安全保障三文書も閣議決定された。

安全保障三文書について、ロイド・オースチン米国防長官は、抑止力強化のための反撃力の保有、防衛費の増額、常設の統合司令部の設置等を評価している。米国を介する日台間の安全保障面、特に先端半導体生産など軍民両用先端分野の協力関係は今後強化されるとみられる。

このように、日米台の連携が深化すれば、中国の台湾侵攻に対する抑止力もより強化されるであろう。抑止態勢が強化されれば、台湾の民意も独立志向が強まり、大陸との経済関係の弱化と相まって、長期的には台湾は、独立の方向に向かう可能性が高まると言えよう。

しかし、警戒を要するのは、そのような日米台の抑止態勢が固まる前に、習近平政権が、軍事力の優位への自信を背景に、台湾あるいは尖閣への武力侵攻に出て、領土統一の実績を作ろうとする誘因が、短期的にはむしろ高まるおそれがあるという点である。

第六節　尖閣侵攻シナリオ

台湾への侵攻シナリオは、本島以外への侵攻と台湾本島への侵攻に大きく区分される。

台湾本島以外への侵攻シナリオ

台湾本島以外への現実的な侵攻シナリオとしては、以下の二つが考えられる。

① 金門・馬祖、東沙、澎湖島など周辺小島嶼のみに侵攻

このような小島への侵攻は、戦力的には、尖閣諸島侵攻も含め、現在でも随時実行可能とみられる。

しかし周辺小島のみへの侵攻は、台湾（尖閣の場合は日本）の警戒心を高め、国民の結束と防衛力の強化を加速し、日米台間の防衛力増強と相互支援の強化、国際社会の反発と経済制裁を招くなど、政治的外交的リスクが大きい。

またこのような侵攻のみでは、国民や政府の抵抗意思を挫くこともできないであろう。それは尖閣単独侵攻でも基本的に同じであり、いずれも公算は小さいとみられる。

ただし、尖閣単独侵攻については、政府が弱腰で強い対応を採れないと中国が判断すれば、台湾侵攻に先立ち有利な態勢をとるため、あるいは、日本の尖閣実効支配を実力で否定しても、米国が日本の期待に反して軍事的に対応せず、日本の対米不信を高め日米の離間を誘発できると判断すれば、実行するかもしれない。

② 長期の海空封鎖、航空攻撃の併用のみにより台湾に屈服を強要

本格的な着上陸侵攻よりもコストは小さい。ただし、短期には可能だが効果を発揮するには少なくとも数か月を要し、その間に国際社会の非難と米国の軍事介入を招くおそれが大きい。また長期間海空封鎖をするための海空軍力の優越も維持困難とみられる。

そのため、封鎖は数日以内にとどめ本格着上陸侵攻を発動し、早期の台湾本島占領を追求する公算が大きいと

みられる。

封鎖するとすれば、まず潜水艦で機雷を台湾近海に撒き、その外に艦艇により機雷を敷設し、さらにその外に航空機により浮遊機雷を敷設し、空域の封鎖も併行して行うといった手法を取るであろう。

台湾周辺五〇海里程度、台湾海峡の中間線付近までの海空域を封鎖するとみられる。このような封鎖が行われた場合、台湾海峡周辺の海空路は航行禁止となり、経済的な混乱、特に日本、韓国の貿易、原油輸入などに大きな影響を与えることになるであろう。

いずれにしても、周辺小島への侵攻も海空封鎖も、台湾本島侵攻の準備ないしは一環として短期間で実行される可能性が高く、台湾本島侵攻に至る可能性が高いとみられる。

台湾本島侵攻は「二〇二五年にも」

台湾本島侵攻は、建軍百年「奮闘目標達成の年」の二〇二七年より早まる可能性が高い。中国の総合国力が既に、人口の減少と少子高齢化、経済の低成長への移行、コロナ対応で見られるような中国共産党、習近平独裁体制の統治能力の低下といった衰退の局面に入っているとみられる。

他方で、前述したように、日本の防衛費の対GDP比二パーセントへの増額等にみられる、台湾、米国、日本の防衛力増強と、米国の台湾への武器供与強化など安全保障面での相互協力の進展が予想される。

その結果、中国にとり総合国力も軍事力も時間と共に不利になる要因が多いため、従来の予想よりも早く、中国が台湾に対する軍事進攻に踏み切る誘因が高まっているとみられる。

ただし、速戦即決を追求するには、圧倒的な戦力の蓄積が必要となる。そのためには、現在の増強のテンポからみて、時間をかけた全島侵攻なら二〇二五年以降、数日以内の全島占領なら二〇三二年以降頃まで軍事力の増強を待たねばならないであろう。

しかし前述したように、長期的な総合国力の衰退と共産党独裁の統治能力低下が予想されるため、それまで待つことは、むしろ中国にとり相対的な戦力低下を招くおそれが高い。

侵攻兵力は四〇～六〇万人にも及ぶ

現在整備中の人民解放軍の強襲着上陸戦力は、東部戦区四個水陸両用混成旅団と南部戦区の二個水陸両用混成旅団、各五千人計約三万人を基幹としている。

これらの強襲着上陸戦力の輸送の中核となるのは、現在毎年一～二隻のペースで建造しているユーシェン級ヘリ搭載大型強襲揚陸艦である。この艦艇は同時にヘリによる空中強襲大隊一個（四百名）とエアークッション揚陸艇二隻などを利用した水陸両用機械化合成大隊一個（八百名）を輸送する能力を持っている。

その数は二〇二五年には六隻、二〇二七年には八隻、二〇三二年には十三隻程度に達すると予測される。二〇二五年には同時にヘリで六個大隊、ホバークラフト等で六個大隊、計十二個大隊を運搬できる能力を持つことになるだろう。

大型強襲揚陸艦が六隻態勢になれば、十二個の大隊を上記の六個水陸両用混成旅団の強襲着上陸作戦の先陣として運用することができるようになるであろう。

注意すべきなのは、ヘリもエアークッション揚陸艇も必ずしも既存の上陸適地に限らず、台中付近の西部海岸中央部の水田地帯の内陸部にまで、直接兵力を送り込むことができる点である。これまで予想されていた上陸適地以外に奇襲侵攻を受け、海岸堡の確立を許すおそれが高まっていると言えよう。

もしも強襲着上陸戦力の奇襲に成功し、その後港湾・空港の奪取に成功すれば、引き続き主力が数日以内に上陸することになる。その第一波は、東部戦区と南部戦区の計三個集団軍、十数万人程度に上るとみられる。

その後、民間徴用船舶なども利用し、第二波・第三波の計十五〜二十万人、東部戦区の全力と南部戦区の主力、さらに増援された中部戦区部隊を併せた、計四十〜六十万人程度が侵攻することになると予想される。

これだけの規模の侵攻兵力の掩護をするには、少なくとも二隻の空母を基幹とする艦隊により、宮古海峡とバシー海峡両正面の海空優勢を確保しなければならない。

「ワリヤーグ」を改造した「遼寧」は試験艦であり戦力化できないとすれば、国産空母が二隻必要になる。

空母の戦力化には、艦載機の能力も向上させる必要があるが、二隻目の国産空母「福建」は二〇二二年六月に進水しており、国産空母二隻体制になるのは二〇二五年頃であろう。さらに国産空母が二〇二七年には三隻、二〇三二年頃には五隻になるかもしれない。なお、「遼寧」を戦力化する計画が進められているとの報道もあり、その場合はより早く三隻態勢になるとみられる。

また海上優勢を確保し、台湾全島を封鎖するには、新型駆逐艦、実質的には巡洋艦クラスの「レンハイ」級が八隻程度必要とみられるが、二〇二四年四月までには少なくとも八隻が既に就役している。二〇二七年には十二隻、二〇三二年には十七隻程度になるかもしれない。

空母、大型揚陸艦、新型駆逐艦の配備数からみれば、台湾全島を侵攻できるのは二〇二五年頃になるとみられる。その頃には台湾全島の海空封鎖も可能になるであろう。

台湾国防部傘下シンクタンクによる人民解放軍の台湾本島侵攻能力見積

台湾メディアによると、国防省傘下の「国防安全研究院」は、『二〇二三年中共軍発展評価報告』において、人民解放軍の台湾本島侵攻能力について、以下のような見積もりを発表している。

中国は最初の上陸作戦に航空旅団と空中強襲旅団所属約一万二千人、海軍上陸艦隊所属約二万四千人、陸戦隊（海兵隊）のヘリコプターや水陸両用装甲車約千三百両が投入されると推定している。

今回の報告書では、中国軍の上陸部隊が十万人に達すると予想されているが、中国軍は相当な危険に直面するに違いないと見ている。台湾海峡の幅が百キロメートル以上あるだけでなく、中国軍の実戦上陸作戦の実践経験不足と、台湾の対艦・対空ミサイルなど非対称戦力の配置状況が中国軍の作戦に影響を与える可能性があるという。

また、中国軍が海岸に上陸しても、すぐに山間地域や丘陵、村と対峙するため、大規模な機械化部隊の移動は容易ではないとの見方をしている。ただし、中国が台湾上陸を決定すれば、必ず最初に空爆とミサイル攻撃を通じて台湾の指揮統制システムを麻痺させ、台湾の「目と耳」を無力化させるだろうと予測している。

これに関連し、台湾国防部は、「両国間の戦争が勃発すれば、台湾全土が戦場になるため、前方と後方の区別がつかなくなる」と述べた。そのうえで、「一年の義務服務兵は主に守備部隊に勤務することになり、軍幹部と共に国土防衛、支援作戦、重要軍事・民間施設の防護などの防衛任務を担うことになる」と付け加えた（二〇二四年一月九日付『Wow Korea 日本語版』）

以上の分析によれば、人民解放軍には、当初の侵攻で約十万人の上陸部隊を着上陸させる能力はあるものの、対艦・対空ミサイルによる阻止、着上陸適地の制限と内陸侵攻の困難さなどにより、上陸部隊はかなりの困難に直面するとの見積もりになっている。

さらに内陸の険峻な地形と制限された道路網を利用した台湾側の遊撃戦、市外戦の困難、後続部隊・補給品の増援のための海空優勢の維持などの困難も加わるであろう。

また開戦当初の、サイバー・電磁波・宇宙空間での奇襲攻撃によるソフトキル及び海底ケーブルの切断などによる台湾側の軍民の情報通信網・警戒監視偵察能力の全面的な封殺、台湾側の防空能力を上回るドローンの大量使用による先制飽和攻撃等も、予想以上の威力を発揮するおそれがある。

なお、当初の着上陸戦力の見積約十万人はほぼ妥当な数と思われる。実際には、人民解放軍は民間船舶、民間機なども動員し、さらに多数の兵員や物資を送り込めるかもしれない。ただし、台湾側ミサイル、ドローン等による損害もかなり出ると予想される。

人民解放軍の台湾本島侵攻作戦の様相

以下のような侵攻様相が一例として考えられる。

現在既に進行中だが、まず政治工作・経済的取り込み・世論操作など非軍事的手段による懐柔が全力で展開されるであろう。特に台湾総統選挙、国務委員選挙では、国民党候補を傀儡化し、その当選のために選挙資金援助、不正選挙等の政治工作活動も駆使し当選させ、両岸の平和協定締結に持ち込み、政治的な平和裏の併合を画策するとみられる。

但し、この手法は若者を中心とする台湾独立派の抵抗を招き、馬英九政権が失敗したように、ひまわり運動を上回る騒擾事態を生むかもしれない。強引な平和協定締結の試みは、米日、国際社会の介入や非難を招きかねない。

中国は台湾での大規模な騒擾も武力行使をする場合の一つに挙げており、台湾内の傀儡化した両岸統一派の要請を受けたという口実で、台湾への本格的武力侵攻に踏み切るかもしれない。

中国が武力行使に踏み切る前兆として、二〇二二年六月のナンシー・ペロシ米下院議長の訪台以降の、台湾海峡の中間線を超える海空軍、海警などの活動の常態化がある。長期にわたり本活動を通じて台湾側に圧迫を加え続けることにより、台湾軍の疲弊・消耗・警戒心の緩みが誘発され、人民解放軍は機会を見て奇襲侵攻に移ることが随時可能な状況に至る可能性が高い。

この中間線を越えた活動は、侵攻前数カ月から強化され、他方中国国内では並行して上陸用の艦艇、兵力、装備など侵攻戦力の集中が密かに行われるであろう。侵攻日の数日前から、海空基地・指揮通信中枢・補給廠・インフラ中枢等への奇襲的なミサイル攻撃が開始されるであろう。それと同時に宇宙での米日衛星システム等への攻撃が奇襲的に開始され、侵攻当日から数日間に特に集中的に行われ、その後も継続されるであろう。

また、ミサイル攻撃に連携したサイバー攻撃、特殊部隊による台湾や我が国南西諸島での攻撃、及びロ朝と連携したこれらの行動が、数か月前から始まり、その後も継続されるとみられる。

着上陸侵攻前に、機雷封鎖と本格的航空攻撃が数日間行われる可能性は高い。ただし、これらの作戦は、長期化を回避し、米国などの介入を阻止しつつ、台湾側が対応策を採る前に短時間に集中的に実施されるとみられる。

機雷封鎖や航空攻撃・ミサイル攻撃が始まれば、台湾海峡は飛行も航行も全面禁止となり、本島は封鎖されることになる。航空攻撃に先立ち、あるいは並行して大量の無人機攻撃がかけられ、台湾側の防空システムを麻痺・制圧し、また対空ミサイルを射耗させるであろう。在台邦人や台湾難民の島外避難はこの時点までに完了しなければならない。

着上陸侵攻がその後、奇襲的に開始される。渡洋作戦は半夜行程で大陸対岸の各港湾から発進し、まず台湾本島の空港・後湾の確保が優先されるであろう。渡洋作戦に当たっても、本格的着上陸に先立ち、あるいは並行して、大量のドローン及び水上・水中無人艇を運用し、台湾側の対艦・対空ミサイルを射耗させるとともに航空戦力を疲弊させ、港内の艦艇も含め台湾側艦艇に損害を与えようとするはずだ。

侵攻は多方面からの立体急速侵攻の形態をとるとみられる。エアークッション揚陸艇、ヘリ、空挺部隊、特殊部隊、無人兵器を全面的に利用し、備えの無い海岸、上陸に適さないと見られた海岸などに奇襲的に着上陸侵攻がなされる可能性もある。

同時にサイバー戦・電磁波戦も行われ、特殊部隊による攪乱、破壊、要人暗殺などの活動も展開されるとみられる。

順調に進展すれば、第一波十数万人が数日内に着上陸することになろう。

着上陸部隊は迅速に橋頭堡を確保するか、またはそのまま停留することなくホバークラフト、ヘリなどの機動力を活かし内陸への迅速な戦果拡張を図る。

まず海岸沿いの道路網を遮断して台湾軍を南北に分断後、ヘリを使用するとともに装輪車両などにより西海岸の高速道路などを使い、数日内に台北・高雄などの大都市の政治中枢、放送局、軍・治安施設等を制圧し、傀儡政権の樹立を目指すであろう。

その間に、北部戦区の海空軍をグアム方向に進出させ、できる限り遠方から、米軍が「接近阻止・領域拒否（A2／AD）戦略」と称する戦いを発動するとみられる。

そのため、ロケット軍によるグアム攻撃及び米空母に対する地対艦ミサイルによる精密打撃、H－6K戦略爆撃機、各種艦艇からのスタンド・オフ・ミサイルの攻撃などを併用しつつ、米軍の遠距離からの接近阻止を図るであろう。その作戦期間は数か月に及ぶかもしれない。

場合によりフィリピン海東方、南シナ海などで米中艦隊間の遠距離の間合いでのミサイルの応酬による水上艦艇の戦闘、潜水艦戦などが起こる可能性もある。

都市部でも中部山岳地帯の道路沿いでも、台湾軍の執拗な遊撃戦が展開され、東部海岸部を拠点とする台湾軍のミサイル・空軍による反撃は、数か月以上続くとみられる。その間に、海空優勢を奪還した米軍が一部兵站物資の増援などを行うかもしれない。

第一波に続き、侵攻部隊の後続波数十万人の受入れと戦力の維持増強が、人民解放軍として不可欠になる。そのためには、侵攻から数か月間は、対空・対潜作戦、機雷掃海等により通峡の安全を確保しなければならない。

また作戦の全期間を通じ、ロ朝との戦略的な調整と連携も必要になる。特に、ロシア軍による欧州・中東正面での紛争生起と米軍の牽制、及び朝鮮半島での北朝鮮軍の南進あるいはミサイル攻撃による米韓軍の拘束のための作戦が展開される可能性がある。

台湾有事は尖閣有事

以上の侵攻様相の分析から、改めて明らかになるのは、「台湾有事は日本有事」との教訓である。

日本、特に先島諸島と台湾とは地政学的に一体の関係にある。中国にとり、国土統一は台湾とともに尖閣諸島も占領併合しなければ完結しないことになる。したがって、台湾有事は必然的に尖閣有事となり、日本有事になる。

台湾全島を占領するとともに在日米軍、特に在沖縄米軍の来援を阻止するには、台湾東岸も包囲する必要がある。尖閣諸島を含む先島諸島は、台湾東岸に出るには必ず軍事占領が必須になる要域である。

軍事的にも与那国島・台湾間、宮古海峡の通峡の安全を確保するには、情報収集の耳目となる自衛隊のレーダ、及び阻止戦力の根拠地である海空基地と対空・対艦ミサイルの制圧が必要となる。

政治・外交的観点からは、中国は、前述したように「尖閣諸島は台湾領であり、台湾は中国の不可分の領土の一部」

と主張し、尖閣諸島を「核心的利益」としている。「その主権をめぐる闘争を強化し、領土は一ミリたりとも譲るな」との、習近平中央軍事委員会主席の指示も出ている。

尖閣諸島は、台湾有事には対空・対艦レーダ配備、対潜作戦等に利用しうる。また、ガス田などの海底資源も近海で確認されている。

その戦略的な価値から、尖閣諸島を先制確保するための局地的な着上陸作戦が行われる可能性がある。中国は既に、海警警備艇の常在などそのための態勢を、平時から作為している。

もしも尖閣諸島の先取を許してしまえば、人民解放軍は数日以内に、レーダや地対空・地対艦ミサイルを展開し、機雷敷設などを行い、周辺海空域を封鎖し、堅固な防衛態勢を取れるであろう。

そうなれば、日本側に相当な犠牲が予想され、数週間から数カ月程度の準備を要する本格的な統合部隊による島嶼奪回作戦を行わねばならなくなる。

尖閣占領を許せば、日本の尖閣実効支配の実体は失われ、米軍も日米安保条約第五条に基づく介入の理由を失うことになる。

日本は単独で尖閣奪還作戦を行うことになるが、中国は日本の戦争挑発行為であるとの宣伝戦を展開し、国際社会に訴え日本の反撃を封止しようとするであろう。

日本にとり尖閣諸島奪回作戦の遂行は容易ではない。中国による尖閣諸島の先取を許さないためには、日本も着上陸侵攻前から存立危機事態と捉え、自衛隊に防衛出動を下令し、先島諸島、宮古海峡、沖縄本島等を重点に防衛態勢を確立し、尖閣諸島に人民解放軍に先んじて陸海空自衛隊を展開しなければならない。

台湾有事になれば、台湾軍の海空軍が沖縄米軍基地に退避する可能性もあり、その場合、日本には米軍基地と共に退避部隊も警護する義務が生ずる。

米陸軍はマルチドメイン作戦という対中作戦戦略を描いている。この作戦戦略では、遠距離の間合いでの長射程ミサイルの応酬から始まり、紛争と競合の期間を交えながら、中国軍の長•中距離ミサイルを逐次制圧して徐々に西進し、台湾・南西諸島対岸に展開する短距離ミサイルを制圧した後に、最終的に本格的地上戦を行うとの作戦構想が描かれている。

この作戦構想では、日本の南西諸島は、台湾周辺での支援拠点、情報提供元、兵站支援と兵力増援の拠点であり、米軍にとってもその価値は高い。

日本にとっても、尖閣諸島・沖縄は、台湾在留邦人と台湾住民の避難先、九州等を中継点となる戦略的要点である。

台湾有事は差し迫っており、台湾有事は日本有事そのものである。日本としては、尖閣諸島、先島諸島を重点として防衛態勢強化に今から全力で取り組まねばならない。また、台湾有事を存立危機事態と捉え、人民解放軍の先取を許すことのないよう、速やかに防衛出動を下令し、尖閣も先島も守り抜ける態勢を確立する必要がある。

第七節　最新の尖閣諸島現地レポート（石垣市議会議員仲間均氏の活動報告から）

漁師兼石垣市議仲間均氏が見た尖閣諸島周辺情勢

石垣市議選で尖閣諸島上陸を訴えて一九九四年に初当選し、八期当選を重ねた仲間均という人がいる。彼は、「尖閣諸島を守る会」の代表世話人であり、一般社団法人尖閣諸島海域保全機構共同代表理事でもある。

仲間均氏は初当選翌年の一九九五年に尖閣諸島に初上陸し、以降三十年間に計十六回上陸を重ね、十六回逮捕されている。それにもめげず現在も海人（漁師）として同海域に出漁している。同海域は豊かな漁場であり、特に沖縄三大高級魚「尖閣アカマチ」が獲れ、中国公船の「邪魔」が無ければ豊かな水産漁場として石垣島・宮古島の漁業を潤していたはずである。

初上陸の際、一九四五年に沖縄県からの疎開船が攻撃され、尖閣諸島に漂着した「尖閣列島戦時遭難事件」の犠牲者の可能性のある骨を石積みの下に発見。石垣市議会は二〇一四年に遺骨収集を決議し、政府に要請行動を起こした。

その後も仲間氏は、何度も調査や上陸を重ね、何とか日本固有の領土である尖閣諸島に日本の実効支配が及んでいる実績を、身の危険を冒して積み上げてきた。

二〇二一年六月には、仲間氏が尖閣諸島周辺での漁をライブ中継しようと、インターネットで支援を募るクラウドファンディングを行ったところ、目標の四百万円を大きく超える千五百万円が集まった。その寄付者の大半は、三十五歳以下であったという（一般社団法人尖閣諸島海域保全機構『日本の領土尖閣を守ろう！—自分の国は自分で守る—』）。

このような仲間氏の尽力や国民の支持にも関わらず、日本政府は尖閣諸島の実効支配に直接つながる、尖閣諸島上陸などの具体的な対応をとらず無人島のままで放置している。仲間氏が十六回も逮捕されたという事実からも分かるように、日本政府は仲間氏のような実効支配につながる行動を違法行為として取り締まってきた。

これでは、尖閣諸島は日本固有の領土との日本政府の公式の主張は建前だけで、本音では尖閣諸島の領有権を自ら実質的に放棄しているとみなされ、根拠のない領有権を主張している中国に付け入る隙を与えているに等しい。

日本政府の対応は変化しつつある

最近の尖閣諸島周辺での仲間氏の出漁に関する日本政府の対応について、仲間氏から聞き取ったところ、以下のようにやや変化がみられる。

仲間氏は漁師としての資格を持っており、尖閣諸島周辺海域で漁を行うことは公式に認められている。ただし、漁師としての資格の無い者が、漁船、観光船などに乗り込み尖閣諸島周辺に接近することは禁じられている。

仲間氏の漁船が尖閣諸島と石垣島の中間線に近づくと、二隻の海保の船が中間線付近で待ち構えており、同氏の漁船の両脇について警護する態勢をとってくれる。さらに尖閣周辺海域に近づくと、漁船の後方に大型巡視船が付き、前方も海保の船が先導をし、警護態勢はさらに強化される。

中国の海警船が漁船に接近してきた場合は、海保の巡視船がさらに二隻増強され、漁船の周りに二重の警護の壁を作り、中国の海警船と漁船の間に割って入り、漁船との接触を阻止する。その間も中間線から随伴してきた二隻の海保巡視船はそのまま警護態勢をとり続け、仲間氏の漁船の両側を守り続け、その間に仲間氏は漁を行う。海保の方が操船能力は高いので、割って入られると海警船は近づけなくなるとのことである。

このように、現場の海保巡視船の中国海警に対する対処行動には、与えられた権限の範囲内で装備を駆使して、尖閣諸島周辺海域を守ろうとする意志が強く感じられる。また、海上自衛隊機も連日尖閣諸島の上空を飛行している。国民の目に見えないところで、このような人々の尖閣諸島領有権保持のための懸命の努力がはらわれていることを、国民ももっと認識し、メディアも報ずべきではないだろうか。

このままだと尖閣諸島は中国に支配される

中国側では、前述したように、習近平国家主席兼中央軍事委員会主席が、「領土は一ミリたりとも譲らない。釣魚島（尖閣の中国名）の主権をめぐる闘争を絶えず強化せよ」と自ら檄を飛ばし、海自機に海警船が退去警告を発するに至っている。それにも関わらず、日本政府は尖閣諸島を無人のまま放置し、なすべき法制の見直しも行っていない。

このままでは、いつ何時尖閣諸島に中国側の武装民兵や特殊部隊が奇襲上陸するかもわからない。もし上陸されれば、仲間氏のこれまでの努力も、現場の海保や自衛官の尽力も、それを応援する国民の声も無になる。一度奪われた領土は容易には奪還できない。そのことは、北方領土でも竹島でも、我が国は苦い思いをしながら教訓として学んできたのではないのか。

日本政府は、何を恐れて、尖閣諸島への上陸など、より実効支配を強化するための行動を起こさないのであろうか？　あるいは、日本が尖閣諸島に自衛官など公務員を常駐させ明らかに尖閣諸島を実効支配下に置いた場合、尖閣諸島の領有権をめぐり日中間で紛争が起これば、日米安保条約第五条に基づき、米国は日本を支援する義務を生じる。そうなれば、米国は東シナ海の離島のために中国との軍事的対決に巻き込まれることになる。そのような事態を恐れる米国の意向が働き、日本政府に圧力が加わり、日本政府がその意向に従った結果かもしれない。

仮にそうであったとしても、日本の主権を守るのは日本自身である。日米安保条約が有効でも、米国人にとり東シナ海にある無人島を確保するために、米兵の血を流す、ましてや中国と軍事的対決をする必要があるとは思われない。一億二千万人の日本が自らの領土を守ろうとしないのに、米軍に依存するとすれば、米国民が納得しないであろう。それは、米国の国益や米国民の心情を顧みれば当然のことと言える。

このまま無人で放置しておけば、いずれ中国側の奇襲上陸を許すことになる。その場合、日本は犠牲を伴う統合作戦を中国相手に決断するか、あるいは抗議にとどめて、北方領土や竹島と同様に、中国の軍事的征服を事実上黙認するかという選択を迫られる。

中国が尖閣諸島を征服すれば、日本が実効支配しているとは言えなくなり、日米安保条約第五条の適用外と判断され、米国が軍事力を使い日本を支援しない可能性は高い。日本が自ら行動を起こし実効支配の実績を示さない限り、このような推移は避けられないであろう。

問題は、自国の固有領土と主張しながら、中国に先手を打ち、実効支配を固めるための上陸等のより具体的な対策をとろうとしない日本側にある。領土主権は、同盟条約を結んでいても、最終的には自らの責任と力で守り抜くしかない。それが歴史と現実の国際社会が示す教訓である。

陸上自衛官の尖閣諸島への駐屯は紛争抑止にもつながる

このため、本章を終えるにあたり、中国が行動を起こす前に、先手を打って次に述べる行動を実行することを日本政府に求める。

かつて自民党が在野の時に公約したように、尖閣諸島に公務員を常駐させること。ただし、丸腰では、中国側の武装民兵と遭遇すれば、射ち殺されるか、海警に逮捕拘留されるか、殺される可能性が高い。それを避けるには、銃を持ち武装した自衛官を上陸させることが望ましい。

丸腰の日本の公務員が上陸した場合は、海警と海上保安庁の巡視船が、互いに先に尖閣諸島に駆け付け、日本側は自国民を保護し、中国側は違法侵入者を逮捕しようとするに違いない。その場合に、海上保安庁の巡視船は、その武装力、船体強度や権限において、軍としての能力と権限を持つ海警に対抗できないであろう。すなわち、日本の上陸した公務員が逮捕拘留されるか、最悪の場合、抵抗し殺害されることになるであろう。

ひとたび中国側の尖閣先取を許せば、前述したように、数日以内に対空ミサイル、対艦ミサイルが配備され、周辺には機雷が散布されるであろう。そうなれば、尖閣奪還には陸海空自衛隊による統合着上陸作戦が必要になる。

しかし自衛官、特に特殊部隊として訓練を受けた隊員を先に尖閣諸島に配置できれば、銃撃になっても生き残り残存して反撃することができる。また中国側のそのような行為は、日本にとっては日本固有の領土に対する明らかな侵略行為であり、直ちに防衛出動の発動事態に該当することになる。

逆に、丸腰の公務員の常駐は、中国側の奇襲上陸に口実を与え、逮捕拘束か殺害されるリスクを当該公務員に負わせることになる。正に「人間の盾」になれというに等しい。それでは国家として、公務員とはいえ自国民をみすみす守れない孤島への駐在を命ずるに等しい。海上保安官や警察官であっても、武装は軍の一部である海警の比ではない。結果は、一般国民と同様になるとみられる。

したがって、日本固有の領土である尖閣諸島を守り抜くためには、機を見て尖閣諸島に自衛官を配備するのが、領土の保全のためにも、自衛官を含めた国民の犠牲を最小限にくい止めるためにも、最も実効性のある抑止手段ということになる。中国による尖閣諸島奇襲上陸はいつあってもおかしくない情勢になっている。政府の英断がいま求められている。

この自衛隊の尖閣諸島に対する常駐案に対し、日本側が自衛官常駐に踏み切った場合、中国側を挑発することになり、むしろ逆効果ではないかとの見解もある。しかし、自衛官が常駐せず、武装していない公務員などを尖閣諸島に揚げたとすれば、中国側の海警が上陸し不法入国等の口実で逮捕拘束するきっかけを与えることは間違いない。このような中途半端な措置こそむしろ逆効果である。

また、久場島、大正島が米軍の射爆撃演習場として使えることから、射爆撃訓練を日米が共同で行えば、実効支配と抑止力強化をもたらすとの見解もあるが、この場合も、中国側の固有領土の不法使用、領域主権侵害との口実を与え、尖閣への不法侵入を誘発することになりかねない。

射爆撃の演習のみを一時的に行い、その後直ちに自衛隊を常駐させず、無人島のまま再度放置しておいては、中国側の尖閣諸島の魚釣島その他の島や岩礁への海警要員や海軍特殊部隊などによる奇襲占拠を誘発するおそれがある。射爆撃訓練だけでは、例え米軍が参加していたとしても、継続的な実効性のある抑止力にはなり得ないとみるべきであろう。

いずれの場合も、効果的な抑止手段にはなり得ない。これらの行動に連携して同時、あるいはその直後に自衛官が尖閣諸島に常駐すれば、仮に武装民兵、特殊部隊などが島の占拠を試み、あるいは海警が軍事行動に出た場合も、常駐する自衛隊との交戦となるため、直ちに防衛事態と認定されうる状況になる。その際に、我が国政府の決断が適時に行われれば、現地部隊は迅速に島嶼防衛のための対処行動をとることができるであろう。

また、そのような事態推移が容易に予想されること自体が、中国側の行動に対する抑止力にもなる。

また、既に自衛隊が尖閣諸島を確保し防衛態勢を取っていれば、中国側が尖閣諸島確保のために統合着上陸作戦を行わねばならなくなり、その間に自衛隊側は対空・対艦ミサイルやレーダを揚陸して展開し尖閣防衛態勢を固めることができ、引いては中国側のエスカレーションを抑制することにもつながる。

このように分析すれば、いずれのシナリオにおいても、いずれかの時点で自衛官の常駐が不可避になることは明らかである。問題は、過度の挑発となり紛争に至ることを避けるためには、いつ、どのような条件下で自衛隊常駐に踏み切ればよいかの判断である。

全くの平時に常駐に踏み切ることは挑発になるであろう。しかし、中国の国内が混乱し、軍や警察の統制力が効かなくなり、武装難民などが周辺地域に溢れるような事態になれば、我が国固有の領土への武装難民などによる不法占拠を抑止するために、自衛隊の常駐に踏み切ることは必要かつ可能であろう。

また台湾有事が起こり、尖閣諸島への中国軍の着上陸が予期される事態になれば、存立危機事態又は武力攻撃予測事態と認定され、尖閣諸島への自衛隊配備も可能になるであろう。

武装難民が尖閣諸島に上陸し海上保安官に対し武装抵抗をして多数の海上保安官が殺傷されるかその明白な危険が切迫していると認められた場合は、緊急対処事態と認定され、自衛隊が展開し、防護のための施設構築も、現地の海上保安官等の保護もできる。

ただしいずれの場合も、中国側の対応行動よりも先手を取り、中国側の軍事力行使権限を持った海警や海空軍よりも先に尖閣諸島の現場海空域に到着し、既成事実を作らせず、上陸した武装漁民、偽装民兵や特殊部隊などを迅速に排除し、その後尖閣諸島全島にも陸上自衛官などを配備する必要がある。全島に配備せずその一部でも占拠されれば、日中の支配領域はその中間線になるおそれがある。

武力攻撃予測事態の認定は、努めて早期が望ましい。そのためには、①閣議決定などの手続きを務めて簡素にし、迅速に事態認定ができる態勢を取っておく必要がある。また、②尖閣海域の現地展開部隊でも、海上保安庁の警備船に海・陸の特殊作戦部隊の要員を同乗させるなど、迅速な偵察、初動対処や本隊の誘導等が可能な態勢をとっておくこと、③海上自衛隊艦艇との連絡を緊密に維持し、出来るだけ尖閣の現場に近い海域に、海自艦艇等を展開させておくこと、④陸海空のヘリや空輸手段を確保し、対空掩護を含め即応態勢を維持させておくことなどの措置が必要である。また、いずれの場合も、⑤現場と現地指揮所、中央の指揮所の間の指揮通信情報ネットワークの確保とセキュリティ強化措置は必須である。

また、グレーゾーンの事態では、偶発的な事故か中国側の中央の国家意思を伴った行動かを即時に判定することは困難である。そのため、いずれか、特に国家意思を伴った侵略行動か否かを確認することが対応行動決定にとり死活的に重要である。

そのための日中間のホットラインを維持し、即時に中国側の中央指導部との意思疎通ができるようにしておかねばならない。もし中国指導部からの責任のある明確な回答が無いか曖昧であれば、予定通りの迅速な対処行動をとる必要がある。真の意図をわざとあいまいにして対応行動を遅らせ、その間に既成事実化を図ることも、中国側の対応としては、十分にあり得る。

中国側の指導部から明確に国家意思を否定する回答があれば、現地不拡大方針を現地部隊に伝え、警察行動の枠内での対処にとどめるよう指示し、事態を鎮静化する必要がある。

グレーゾーンの隙を突く奇襲的着上陸は、いつあっても不思議ではない状況に既になっている。特に、米国の政権移行期で、ウクライナ戦争の決着がついていない時期に、我が国周辺に生じた力の空白を利用し、中国が尖閣諸島奪取に動く可能性が高い。

中国の国内事情もある。経済破綻、民衆の不満の鬱積、暴動の多発などの内部矛盾が深刻化する中、習近平国家主席兼中央軍事委員会主席が、民衆の目を逸らすために矛盾を外部に転嫁し、同時に、領土統一の実績を上げてカリスマ的な独裁権力を確立しようとする動機に駆られるかもしれない。

二〇二五年春までの過渡期が危機のピークと予想され、一瞬の油断もできない時期であることを肝に銘じて、尖閣危機に備え、国を挙げた即時対処態勢を維持しなければならない。

第三章　自衛隊予備自衛官の増強

「自衛官」と言えば通常、駐屯地において毎日訓練をしている人たちを想起するケースが多いだろう。だが日本には、自衛官の他に「予備自衛官」「即応予備自衛官」「予備自衛官補」という枠組みがある。予備自衛官というのは、通常は自衛官としての任務には就いていないものの、有事の際には招集されて「自衛官」として扱われる人たちのことを指す。

通常は最小限の兵力のみを有しつつ、有事にさらなる人員を兵士として招集するというのは、世界各国の軍隊を見渡しても一般的な制度だ。単なる数の充足といった観点だけでなく、民間で培った知見を軍で生かす質の向上の観点も期待できる。

現在日本には、約三万三〇〇〇人の予備自衛官がいる。定員に対する充足率は七割と、人員の不足が目立つ。それゆえ防衛白書においても、退職自衛官との連携を強化する旨が掲げられている。

ただし仮に充足したとしても、その人数は諸外国とは比べ物にならない。米国は八〇万人、ロシアでは二〇〇万人を超えている。ロシアによるウクライナ侵攻直前のウクライナにも約九〇万人の予備役がいたし、面積・人口が日本よりはるかに少ない台湾でも、一五〇万人を優に超える予備役が存在する。

二〇二二年一二月に閣議決定された安保三文書においても、人材募集の重要性などが明記された。ただし、具体的な方針などについてはあまり記されていない。

近年、航空機やドローンの性能は格段に進化した。しかし、それらを操るのは結局人である上、航空戦力のみで戦争が終結しないことは、ウクライナを見てもイスラエルを見ても明らかである。おまけに日本がいくら四方を海に囲まれていると言っても、ミサイルは海を超える。結局は、「どれだけ陸上兵力を集結させられるか」が国土防衛戦争の目的達成の鍵となる。

日本政府および日本国民が「自衛官の充足率向上」並びに「予備自衛官の増強」を真に我が国の存亡を左右する問題と捉え、手段を講じていかなければ、有事が起こった際、自衛隊は人員不足となり、長くはもたないだろう。それはつまり、日本の敗北を意味する。

さらに安保三文書では、陸上自衛隊に対して「国民保護」の任務が追加された。国民保護とはその名の通り、武力攻撃などが起こった際に国民の生命や身体を保護するものだ。他国では通常、定年に達した者等から成る後備役の兵士や民兵が国民保護の任に当たる。しかし他国と比して格段に人数が少ない予備自衛官がこの任務に当たるのは、実際には対応困難であると言わざるを得ない。

自衛隊ひいては予備自衛官の数が充足しない背景として、国は「少子高齢化」を挙げる。もちろん、日本が少子高齢化の道を歩んでいること自体は何ら否定しない。だが、「少子高齢化ゆえに自衛官が集まらない」との主張は口実にほかならない。自衛官と予備自衛官を合わせた人口比における兵員の割合は、世界水準の三分の一程度にすぎない。世界の中でも、とりわけ北朝鮮、韓国、台湾といった日本に近しい国々の兵員比率が非常に高い。

結局のところ、大東亜戦争以降、日本が国防の重要性の啓発を怠ってきたことが、低調な充足率の根本原因だと筆者は考える。盲目的に平和を尊び、戦争を悪と決めつける日本の教育やメディアにも大きな問題がある。

予備自衛官に対する処遇も低い。とくに自衛隊が有事の際にその技能を生かしてほしいような人材は、民間においても高い需要がある。現在のままの処遇では、とても仕事をほっぽり出してまで予備自衛官になろうとは考えられないだろう。

有事の際に日本を守るためには、予備自衛官の増強が欠かせない。処遇改善、制度の拡大から国防の啓発活動まで、なすべきことは山積している。住民が自分たちの地域を守ることに特化した「郷土防衛隊」構想など、新しい目線での任用制度も具体的に検討してしかるべきだ。

第三章では、予備自衛官の制度について概況を説明した後、世界と比較した日本の現状やその課題、今後あるべき姿について検討していく。

第一節　なぜ予備自衛官の増強が必要なのか？

世界の予備役制度の概要

①　予備役制度の概要

まず「予備自衛官」とは何かを説明する前に、一般的な「予備役」について説明しておこう。軍の予備役は、軍人とシビリアンからなる軍事組織である。予備役は平時においては武装せず、その主な役割は追加的な兵員が必要となった時に、その必要を満たすために活用できることにある（Wragg, David W.（1973）. A Dictionary of Aviation (first ed.). Osprey. p. 223)。予備役は、軍の常備即応兵力の一部であり、国家にとり、平時における軍事支出を削減し、戦争に備える戦力を維持することを可能にするものと一般に考えられている。

平時には予備役の兵員は、常備のフルタイムの重要な構成員とみなされているが、通例では、市民として職業に就きながら、パートタイムで軍務に従事する。予備役は、特定の作戦を支援するために、平時から数週間から数か月間の任務に展開されることがある。戦時には、予備役兵員は、常備軍兵員ほど長くはないが、一度に数か月から数年間軍務に従事することがある。

志願兵制の国における予備役兵員は、軍事訓練の技量を維持するため、一カ月のうち週末に一度程度の定期的訓練を受ける。予備役兵員は個人または常備の予備役の枠組み、例えば英国での陸軍予備役などの要員として行動する。米国の州兵、ノルウェー、スウェーデン、デンマークの郷土兵（Home Guard）のように、民兵、郷土兵、州兵あるいは州軍（State Military）も軍予備役となることがある。コロンビア、イスラエル、ノルウェー、シンガポール、韓国、スウェーデン、台湾などの国では、予備役は兵役義務を果たした後に義務付けられている。スイスやフィンランドのような徴兵制の国では、正規軍の兵役義務を終えた後に、法律により定められた年齢に達するまでの市民は予備役となる。

これらの市民は、戦時には義務付けられた動員に服し、平時には短期間の軍事訓練に服する。ロシアのような、徴兵制と志願兵制が組み合わされた国では、「軍の予備役」には二重の意味がある。広義には、予備役となる市民とは軍の一部として動員されうる一部の市民を意味する。狭義には、予備役として兵役を果たす契約に署名した一部の市民を意味する。彼らは、軍の特定の部隊に配置することを指定されており、すべての作戦、動員、これらの部隊での作戦行動に参加することになる（即応予備）。その他の契約に署名しない市民（非即応予備）は、志願しない場合も動員され展開される（Sergey Polunin, Militaryarms.ru（in Russian）, December 25, 2020）。

② 予備役制度の歴史

一部の国の十八世紀の軍事制度では、予備役として機能するように制度設計されていない場合でも、予備役として機能するよう実践・制度化されていた。例えば、英国陸軍は、半俸給制度（half-pay system）により、平時には正規軍に属さないが戦時には利用できる、訓練され経験を積んだ将校を、国家に提供することができた。英国では、一七五七年の「民兵法令（The Militia Act）」により、予備役の制度的な枠組みが与えられた。民兵の効率性について時々議論は起きたものの、英国では予備役の何度かの紛争での動員を通じて、正規軍を海外での脅威に対処に振り向けるという戦略的選択が増加した。

欧州では、ナポレオン戦争中にプロシア軍とフランス軍が戦った一八〇六年のイエナ・アウエルシュタットの闘いでのプロシアの敗北の後、予備役が初めて重要な役割を果たすようになった。翌年七月のチルジット条約でナポレオンはプロシアに、大幅な軍の削減と領土の割譲を強いた。プロシア軍は最大でも四万二千人にその陸軍を制限された。

軍の改革者であったゲルハルト・フォン・シャルンホルストは、プロシア陸軍に「クルンパシステム（Krumpersystem）を導入した。この制度により、戦時には極めて短時間に軍を拡張することができるようになった。プロシアはそれ以降の戦争において、訓練された大量の軍人を招集できるようになり、その制度はドイツ帝国陸軍により第一次世界大戦でも適用された。ドイツ帝国の頃には予備役兵は、兵役間に戦時に予備役として果たすべき行動についての指令を受け、兵役を完了した後に「戦時調整」を示された。

③ 世界各国の予備役制度

米国のような国では、予備役兵は徴兵を終えたか、その任務から除隊した元の軍の要員であることが多かった。徴兵期間を終えてから何年間も予備役として軍務に就くには、徴兵登録をして多くの国の契約命令(commissioning orders)が必要とされた。

予備役兵は、市民としての役割を果たしつつ、正規軍と共に基礎及び専門的な訓練を受けた市民でもありえた。彼らは、独立して、あるいは個人的に正規軍の弱点を補った。アイルランドの陸軍予備はそのような予備役の例である。

一般的な徴兵制度では、大半の男性は予備役兵となる。フィンランドでは六〇歳までは予備役に所属し、各世代の約八〇パーセントが徴兵され、少なくとも六か月間の訓練を受ける。徴収兵の約十パーセントは予備役将校として訓練を受ける。予備役の兵員と将校は、ときどき訓練水準最新化のための演習に招集されるが、月給や地位を得ることはない。韓国の男性は国軍または国家警察での徴兵期間の後、自動的に予備役名簿に登録され、七年間毎年数日間の軍事訓練を受けることが義務付けられている。

予備役の効用と限界

予備役は、戦時においては戦闘員の損耗を補充し、新しい部隊を編成する。予備役は、駐屯地での警備任務等に従事し、防空、国内治安の維持のための要員を差し出し、補給廠、捕虜収容所、通信中枢、海空基地、その他の重要施設の警護に当たり、正規軍を前線での軍務に専念させることができる。

予備役は平時においては、国内の治安維持任務、災害派遣に使用され、正規軍の時間を節用する。多くの国では、戦争以外の軍の役割が制限されているが、予備役については、そのような制約はない。

予備役制度の利点は、訓練された兵員により迅速に人的戦力を増強できる点にある。また予備役制度により、経験を積んだ退役軍人を確保しておくことで、軍の量と質を向上させられる。予備役では、軍の外部の専門的能力について訓練させ、軍にとり有用な多くの専門的技量を獲得しようとする趨勢にある。多くの国では、軍の経歴とみなされないような能力を持った人々を予備役として保持している。

大量の予備役の蓄積があれば、政府は、新たな募兵や徴兵のためのコスト、政治的財政的負担を避けることができる。予備役は通常、いつも任務に就いているのではなく必要に応じて招集されるため、正規軍よりも経済面で効率的である。招集制度を発令する準備をすれば、敵性国にも明らかになるため、決意のほどを誇示し、士気を高め、侵略を抑止できる。

多くの予備役兵は志願して行う訓練を、単に収入の補填や趣味と見ており、予備役はそのために維持が安価にすみ、その費用は訓練や時々行われる展開のための費用に限られる。予備役の技量は、インフラストラクチャーの再建に従事する平和維持活動において価値が高く、職業軍人よりも一般の市民とのより良好な関係を築ける傾向にある。

しかしながら、予備役制度には以下の不利な点もある。予備役は、正規軍がもう使っていない二流の装備や、現在使用中の型よりも古い型の装備を与えられる。予備役は最新の兵器システムについての経験が乏しい。軍を退役した予備役は時々、正規軍よりも従軍意欲が低いとみなされる。予備役は、英国の陸軍予備役のメンバーのように、軍と民間の経歴が混合しているため、正規軍ほど経験を積む時間がなく、彼らの有用性と従軍期間には制限がある（Military reserve force - Wikipedia as of May 1, 2024）。

現代における予備役制度の意義

このように、予備役制度には、常備軍を多数維持するよりも経済的であり、戦時には直ちに訓練された適格な要員を部隊に補充し軍を拡張できること、民間の様々な技能・経験・知識を持つ人材を活用できること、軍民の関係をより緊密にでき、国民の軍に対する理解と支援を強められることなどの利点が指摘されている。

これらの利点は日本においても通ずるものであり、その利点が現状の実員三万三千人程度の予備自衛官制度では活かされていない。

特に民間の専門的な軍民両用分野の専門技術者の確保は、軍事上も極めて重要になっている。ウクライナ戦争でも、ドローンが数万機規模で常時運用され、その操縦士、得られた情報の分析要員、通信・電波戦、宇宙での戦い、サイバー戦など、民間に大半の人材や技術・知識が集中している分野が、戦いの帰趨を決定する主要素となっている。

これらの戦力を活かすためには、ドローン操縦の国家資格を取得した操縦士とその他の関連分野の技能者の養成・維持など、平時からの軍民が一体となった人材育成とその維持態勢が不可欠になっている。

そのために必要な人員規模は、前述したように、ロシアが年間百四十万機、ウクライナが四百万機のドローンの生産を見込んでいる現状から見ても、ドローン操縦士を主に関連分野の技能者も含め、数十万人規模の各種技能者を養成し維持しておかねばならないであろう。

しかしこれらの分野の人材は、民間でも貴重な人材であり、また民間でなければ育成も平時からの実務を通じた技量向上も行えない。また平時の経済・技術開発においても、これらの分野の人材の確保育成は重要性を増している。軍内で育成し技量を向上させるのは限界があり、また非効率でもある。その意味でも、これら特殊な専門的技能・知識を持つ人材を予備役として確保しておくことは、平時・戦時を通じて極めて重要になっている。

自衛隊の予備自衛官制度とその問題点

さて、日本の話に入ろう。日本では予備役制度に相当する制度として、予備自衛官制度がある。『令和六年版防衛白書』では、予備自衛官制度の現状について以下のように記述されている。

「有事などの際は、事態の推移に応じ、必要な自衛官の所要数を早急に満たさなければならない。この所要数を迅速かつ計画的に確保するため、我が国では予備自衛官、即応予備自衛官及び予備自衛官補の3つの制度を設けている。

予備自衛官は、防衛招集命令などを受けて自衛官となり、後方支援、基地警備などの要員として任務につく。即応予備自衛官は、防衛招集命令などを受けて自衛官となり、第一線部隊の一員として、現職自衛官とともに任務につく。また、予備自衛官補は、自衛官未経験者などから採用され、教育訓練を修了した後、予備自衛官として任用される」

なお、大規模災害、新型コロナウイルス感染症の際に予備自衛官および即応予備自衛官を招集したこと、能登半島地震災害派遣においても、医師または看護師の資格を持つ予備自衛官および即応予備自衛官を招集し、被災地において、衛生支援（巡回診療）の活動や生活支援（物資輸送）の活動にそれぞれ従事したことなど、予備自衛官等の活躍の場が広がっていることも強調されている。

また、二〇二二年度には、システム防護（サイバー）及び保育士が追加されている。このように、民間の特殊技能を持った人材の採用枠も増えている。また、民間に再就職する航空機操縦士を予備自衛官として採用するなど、より幅広い予備自衛官の活用も進められている。今後は、予備自衛官補の「技能」コースに、ドローン操縦士、ＡＩ（Artificial Intelligence）・ＩＴ・電磁波・宇宙関係技術者など、将来戦に備え必須となる特殊技能者も加え、大幅に採用枠を増やすべきであろう。

また、防衛力整備計画における、自衛官未経験者からの採用の拡大や年齢制限、訓練期間などの現行の予備自衛官等制度の見直しという方針を受け、予備自衛官の継続任用可能年齢上限の試行的廃止、予備自衛官補（一般）の採用年齢要件の52歳未満への緩和、予備自衛官補の教育訓練の修了期限延長年数の拡大など、予備自衛官の充足率向上策もとられている。

また、「装備品の高度化、任務の多様化・国際化などへの対応のため、より一層熟練した技能、専門性を有する者が必要となっている」との認識のもと、知識・技能・経験などを豊富に備えた人材の一層の活用を図るため、精強性にも配慮しつつ、自衛官の定年年齢の引き上げ、定年退職自衛官の再任用制度を拡大するため、艦船乗組み・航空機操縦・サイバー・飛行点検業務の一部も再任用の対象に拡大された。

無人化・省人化などを推進するため、ＡＩの活用促進などにかかるアドバイザー業務の外部委託など、ＡＩ活用支援態勢の構築、部外委託講習による部内人材の育成など、ＡＩ活用にかかる環境整備にも努めているとしている。

なお、自衛官は、自衛隊の精強性を保つため、階級ごとに職務に必要とされる知識、経験、体力などを考慮し、大半が五〇歳代半ばで退職する「若年定年制」や二、三年を一任期として任用する「任期制」など、国家公務員法第二条に定められた特別職の国家公務員として位置づけ一般の公務員とは異なる人事管理を行っている。この現行人事制度検討の基本となる認識にも任用制度にも変化はない。

ただし、『令和六年版防衛白書』では、「二〇二三年度の募集については、人材獲得競争がより熾烈なものとなったことなどから、「士」となる自衛官候補生と一般曹候補生の採用者数は、二〇二二年度に比べ、約一九〇〇名減少となり、大変厳しいものとなった」ことを認めている。

この募集の危機的状況に対応するため、「募集対象者などに対して、自衛隊の任務や役割、職務の内容などを丁寧に説明し、確固とした入隊意思を持つ人材を募る必要」があり、防衛省・自衛隊では、「募集能力強化のため、採用広報動画、資料などのデジタル化・オンライン化、SNSによる情報発信、採用試験の一部オンライン化などを推進している。また、全国に五〇か所ある自衛隊地方協力本部では、非常勤職員を増員して募集体制の強化を図る」などの施策を採っている。

しかしこれらの施策は、防衛省・自衛隊内での努力に過ぎず、その効果には限界がある。兵員徴募のためには、世界各国が採用している予備役制度に相当する、国家的な制度とそれを支える国民の国防意識が伴わなければならない。

この点で、我が国の人的基盤の現状は、本当に「戦い続けられるか」、「実戦に役立つのか」疑問とせざるを得ない窮状にある。

例えば、わずか定員四万八千人足らずの予備自衛官の充足率は、約七割程度に過ぎない。

二〇二二年三月三十一日時点の予備自衛官の定員数は四万七千九百人、即応予備自衛官は七千九百八十一人となっている（www.mod.go.jp as of April 26, 2024）。二〇二二年度の予備自衛官の定員充足率は六九・六パーセント、約三万三千人と報じられている（『朝日新聞』二〇二三年六月二十二日）。

予備自衛官の定員数は増えず、充足率約七割、実員三万数千人というのが実情である。ウクライナ戦争の実情からみれば、自衛隊は常備のみならず予備の隊員数が圧倒的に不足しており、人的基盤の不足から継戦は困難とみるべきであろう。

前述した令和六年度版も同様だが、これまでの『防衛白書』には、他省庁及び民間にわたる国防のための国を挙げた取り組みの制度、あるいは国民の国防・安全保障に対する義務を伴った予備役制度など、人的基盤確保のための国家的施策については、具体策についても、国家的施策の必要性すらも言及されていない。また国防意識の啓発のための初等・中等教育段階での教育の改革、高等教育機関での防衛研究開発・戦略研究・戦争学研究・戦史研究・地政学研究などの軍事あるいは安全保障にかかわる分野の教育や研究がタブー視されてきた、戦後日本の軍事教育・研究忌避の姿勢を正すための提言なども、何らなされていない。

現行憲法が、戦力不保持を前提としているから、防衛省の白書として、それから逸脱することは記述できないかもしれないが、この根本的な問題点が解決されない限り、国家国民を挙げた国防態勢は構築できない。しかしウクライナ戦争でも明らかなように、国家国民を挙げた防衛態勢を確立する必要性は、これまでよりもさらに高まっている。

この点について、二〇二三年度から二〇二七年度を対象とする安保三文書は、今後の見通しとしてどのような対策を採ろうとしているのであろうか。

第二節　安保三文書に見る中期的な人事施策とその問題点

安保三文書では、人的防衛力基盤強化策として、以下の諸施策が謳われている。

①より幅広い層からの人材募集のための、募集能力の強化、熟練技能者の再活用、専門的知識・技能を有する民間人の採用、退職自衛官の再任用拡大、充足率の低い艦艇乗組員や、レーダーサイトの警戒監視要員等の人材確保、予備自衛官等の採用大幅増と制度見直し体制強化、自衛隊員等との連携を強化

②採用した人材の育成策として、自衛隊員への職業能力の再教育・再開発、学校等の教育基盤の強化、専門性が高い分野・統合教育研究の強化、希少な専門人材を有効に活用する施策、事務官・技官の確保

③生活・勤務環境、処遇の向上を重視し、栄転・礼遇に関する施策の推進、家族支援の拡充、女性隊員が活躍できる環境醸成、ワークライフバランスの推進、若年就職自衛官の再就職支援の充実

④サイバー要員など先端技術分野での人材育成・活用の重視。サイバー安全保障分野での対応力の向上のため、政府内外の人材の育成・活用の促進、サイバーはじめ先端技術分野などでの、幅広い人材育成・活用の必要性を指摘。領域横断作戦能力の項では、サイバー要員を大幅増強と高度なサイバーセキュリティを有する外部人材の確保を明記

特に、自衛隊の役割として、我が国全体のサイバーセキュリティ強化に貢献するため、自衛隊全体で強化を図り、特に、陸上自衛隊が人材育成等の基盤拡充の中核を担い、陸上自衛隊がサイバー領域での人材育成の基盤拡充の中核としての役割を果たすことを明記

⑤知的基盤の強化についての具体策について、「我が国の安全保障を支えるために強化すべき国内基盤」の節で、「安全保障分野における政府と企業・学術界との実践的な連携の強化、偽情報の拡散、サイバー攻撃等の安全保障上の問題への冷静かつ正確な対応を促す官民の情報の共有、我が国の安全保障政策に関する国内外での発信をより効果的なものとするための官民の連携の強化等の施策を進める」とされている

安保三文書の人的防衛力基盤強化策における不十分と思われる点

① 予備自衛官制度の見直し・拡充など、隊員の量的確保と質の向上策に言及がない。

「国家安全保障戦略」においては、「人」の問題について、特に人的基盤となる常備及び予備の自衛官制度についての具体的な方針的事項はほとんど示されていない。

防衛力のもつ軍事作用は、国家の主権と独立を守り抜くためのものであり、時に国民に犠牲を強いることもやむを得ないという発想は、根本的に抜け落ちている。国民自らが国を守るという意識はそもそも前提とされていない。

戦力保持を禁じ、国民の国防義務の規定もない現行憲法の枠内で策定された「国家防衛戦略」の限界と言える。これでは、防衛力の人的基盤は、現在の常備と予備の自衛官を合わせた二十六万人余に限定され、海戦前に予備役約九十万人を擁していたウクライナよりもはるかに少なく、いかに精鋭であっても、短期間に戦力が枯渇することになるのは必定である。

国家自衛のために通常の国の場合は、予備役制度が確立されている。有事には常備の正規軍が侵略の拡大を阻止している間に、予備役の動員をかけて戦力を急増させ、その力で侵略を阻止・撃破して国土を回復することができる防衛体制をとっている。

事実上予備役制度が無きに等しい日本の実情では、人的基盤の確保は困難である。防衛省内でできる範囲の施策は、これまでほぼ出尽くしている感がある。国家レベルの官民と一体となった国を挙げた国防体制確立が焦眉の急となっている。

後述するように、「防衛力整備計画」において、自衛官定員の量的拡大は否定されているのみではなく、陸上自衛隊は減員が見込まれている。そのような中で「国民保護」任務を国土防衛任務に加えて課することには、人員上無理があると言わねばならない。やはり、本来任務に支障のない範囲での「国民保護」任務との位置づけが妥当である。

② 人的基盤の最適化、省力化・無人化への過度の期待

「国家防衛戦略」では、「我が国自身の防衛体制の強化」の節の中で、「この防衛力の抜本的強化には大幅な経費と相応の人員の増加が必要になるが、防衛力の抜本的強化に資する形で、スクラップ・アンド・ビルドを徹底して、自衛隊の組織定員と装備の最適化を実施するとともに、効率的な調達等を進めて大幅なコスト縮減を実現してきたこれまでの努力を、防衛生産基盤に配慮しつつ、更に継続・強化していく。あわせて、人口減少と少子・高齢化を踏まえ、無人化・省人化・最適化を徹底していく」としている。

すなわち、人的基盤については、「相応の人員の増加の必要性」を認めながら、実質的には量的拡大はせず、「スクラップ・アンド・ビルドによる最適化」が重視されている。その理由付けとして、「人口減少と少子高齢化」が挙げられ、対策として「最適化」とともに「無人化・省人化」の必要性が謳われている。

このような対応策の前提には、機械力・技術力に過度に依存し、人的要素を軽視した、戦争の実相を踏まえない、効率第一主義、省力化・無人化が兵員数の削減につながるとの楽観的な見通しがある。

しかし、ウクライナ戦争でも実証されているように、ドローンなど無人兵器の導入は、戦場における死傷者数の飛躍的増大を生み、予備役制度の拡充の必要性が増していることを示している。

ドローンなどの無人兵器の操縦・維持整備、それらの脅威に対抗するための電子戦部隊、対空ミサイル部隊などの兵員の所要数も訓練水準の向上も必要性が増している。

また多様な用途に応ずる様々の新型無人兵器の研究開発と大量生産など、高度の専門的知識・技能を持つ研究者、技術者の必要性も増大している。

ウクライナの戦場では、ウクライナ軍やＮＡＴＯは常時一万機のドローンを運用し、ロシア軍はウクライナ軍の約七倍の機数を運用しているとみられ、双方とも毎日一万機の損失を招いていると言われている。

また、両国ともドローンの大規模増産に乗り出している。プーチン大統領は二〇二四年九月、「二四年は二三年の十倍の年間百四十万機に増産する」と表明している。これに対しゼレンスキー大統領は翌十月、ウクライナの「国内で生産できる無人機は年間四百万機に上げる」と述べて自国の防衛産業の急成長ぶりを強調し、欧米企業にさらなる投資を呼びかけた。

このように、両国はドローンの大量生産に向けた態勢作りに乗り出しているが、無人化・省人化が単純に兵員数の削減につながるとみるのは、誤りである。大量のドローンを生産・運用する際には、必要な技能を持った大量の兵員が必要になる。操縦士、整備員だけではなく、敵のドローン攻撃や妨害に対処するためには、通信・電子戦、対空戦、目標分析などに従事する兵員・技術者も求められる。質の高い大量の兵員が必要になることは、無人兵器が戦場を支配する時代になっても変化はなく、その必要性はむしろ高まっている。

③　定員を据え置く一方で「国民保護」を陸上自衛隊の任務に追加

戦史によれば、戦略爆撃のみで戦争に決着がついた戦例はない。陸上戦闘が最終的に敵戦力を撃破し土地と住民を占領することで決着がつくのであり、空爆、ミサイル攻撃、無人兵器等による破壊のみでは、相手の抵抗意思を直接奪うことはできず、戦争に決着をつけることはできない。

むしろ空爆等は、相手国の一般国民に犠牲が及ぶため、抗戦意思を強める結果になるのが通例である。敵の軍事能力についても、地下施設に潜伏しあるいは分散疎開するなどの対策がとられるため、空爆等のみによる完全制圧は一般に困難である。この本質は、島嶼の争奪でも同じであり、日本の国土防衛戦でも最終的に敵兵力を制圧・駆逐し、国土と国民を奪還できるのは、陸上兵力のみである。

ただし、日本のような島嶼国の場合は、長期の海空封鎖や通商破壊戦には脆弱である。そのため、海空戦力を重点的に整備することは当然である。

しかし、「最適化」の名目のもとに、陸上兵力を過度に削減すれば、もし敵が海空優勢を獲得し我が方の洋上阻止戦力を突破して国土に侵略した場合は、敵の着上陸部隊を海岸部で迅速に制圧できず、国土・国民を敵の占領下に委ねることになる。さらに、侵略軍を撃破するに十分な陸上戦力が無ければ、征服された国土・国民の奪還作戦もできなくなる。

現代戦では、奇襲的な各種ミサイル・ドローン攻撃、それに連携したサイバー・電磁波・対衛星攻撃などにより、緒戦で海空戦力が大損害を被ることも多い。また、平時からの特殊部隊の潜入など、開戦前から敵国に侵入する能力も高まっている。

そのための備えとして、所要の陸上防衛力の維持は、自衛戦争の目的達成には必須である。

さらに、国民保護について、「国家防衛戦略」の中の「機動展開能力・国民保護」の項目には、「自衛隊は島嶼部における侵害排除のみならず、強化された機動展開能力を住民避難に活用するなど、国民保護の任務を実施していく」とされ、さらに「将来の自衛隊のあり方」の中では、「陸上自衛隊においては、沖縄における国民保護をも目的として、部隊強化を含む体制強化を図る」とされている。

このように、国民保護が陸上自衛隊の任務として明記されているが、そのための「部隊強化」の在り方が問われなければならない。

「国民保護法」の規定によれば、武力攻撃事態等では、国が警報を発令し、必要な場合に、住民の避難措置や救援の指示を都道府県知事に行い、都道府県知事が警報の市町村への通知、避難措置の指示、救援を行い、市町村長は、住民への警報の伝達、避難指示の伝達と避難住民の誘導、都道府県の行う救援への協力を行うことになっている。市町村長は、平常時から各種避難指示に対する避難実施要領を作成しておくこととされている。

他方、防衛省の国民保護業務計画では、「主たる任務である我が国に対する武力攻撃の排除措置に支障の生じない範囲で、国民保護等派遣を命ぜられた部隊等により又は防衛出動の規定による防衛出動命令が発せられる場合に限る。治安出動を命ぜられた部隊等をもって、可能な限り国民保護措置を実施することを基本とする」としている。

すなわち、自衛隊の国民保護措置は「武力攻撃排除措置に支障の生じない範囲」でしか行えない。

また、自衛隊はその際に国際法上の「軍民分離」の原則を遵守しなければならない。攻撃側も防御側もこの原則を遵守することが、紛争当事国の国際的責務として求められている。

すなわち、武力攻撃予測事態では、特に「必要な情報の収集・提供」、「避難住民の誘導や運送」、「人命救助関係（捜索・救出、応急医療の提供）」、「住民の避難のための自衛隊駐屯地等や在日米軍施設の一時通行に関する調整」、「生活支援関係（炊き出し、飲料水の供給）」そして「生活関連等施設の安全確保支援（指導・助言、職員派遣など）」といった活動へのニーズが高まることが予想されるが、「必要な情報の収集・提供」や「生活関連等施設の安全確保支援（指導・助言、職員派遣など）」はともかく、それ以外の活動については、住民（文民）との接近が予想されることから、国際人道法の適用に関する状況の判断および、適用時の軍民分離の原則に基づき実施すべきかどうかの判断をする必要がある（中村啓修『武力攻撃事態における国民保護：自衛隊と自治体との連携の可能性』file2111.pdf (mod.go.jp) , as of October 13, 2024）。

本来の国土防衛任務すら困難とみられる人的勢力のもとで、国民保護のためにどれほどの支援が可能かという人的勢力の確保の可能性と、上記の「主たる任務である我が国に対する武力攻撃の排除措置に支障のない範囲」という制約、さらに国際法的な「軍民分離原則遵守」の制約があることを考慮しなければならない。

自衛隊による国民保護措置に関するこれらの問題を解決するには、各国の後備予備役制度や民兵制度に相当する、現役部隊を支援しつつ、国民保護任務にも柔軟に対応できる能力と資格を持った組織の新設又は増員が必要であろう。

④　現行の予備自衛官制度を前提とする限り質の高い人材確保施策には限界

これまでの質の高い人材確保のための施策だけで、真に必要とされる質の人材を確保できるかと言えば、十分とは言えない。

このような「質の高い人材」や「専門性の高い人材」は、多くが民間、学術界などに所属しており、希少な人材に対する処遇は自衛官に対する処遇とは比較できないほど、勝っている。特に、サイバー、その他の特殊な知識・技能を有する人材は民間でも圧倒的に不足しており、破格の処遇で人材の争奪が行われているのが実情である。そのような中で、必要な数の高度な専門性を有する人材を、予備自衛官、事務官・技官等として採用し育成することは、極めて困難な課題である。

予備自衛官等の採用を、大幅に増やしても、要求されるような質の高い人材を必要数採用できるかは、現行の予備自衛官等の任用制度を前提とする限り、はなはだ疑問である。俸給表や階級に縛られた、硬直的な人事制度では、破格の処遇は望めない。柔軟な人事制度が必要かもしれないが、そうした場合に、自衛官採用であれば、部隊としての階級制度との調整が容易ではない。他方、事務官・技官では、戦闘行動に際して捕虜としての扱いを受けられるか、戦闘行動とみなされる行動をとれるかなど法的な制約もある。

このような現行制度の諸制約を考慮すれば、全く新しい発想で、人事制度や予備自衛官制度を抜本的に見直さなければ、将来の防衛任務を達成することは困難である。

国家レベルの予備役制度創設が必要

人的基盤確保のための人事制度や予備自衛官制度の在り方について、『防衛力整備計画』はどのように規定しているのであろうか。

冒頭の「計画の方針」の節では、「人口減少と少子高齢化が急速に進展し、募集対象者の増加が見込めない状況においても、自衛隊の精強性を確保し、防衛力の中核をなす自衛隊員の人材確保と能力・士気の向上を図る観点から、採用の取組強化、予備自衛官等の活用、女性の活躍推進、自衛官の定年年齢の引上げ、再任用自衛官を含む多様かつ優秀な人材の活用、生活・勤務環境の改善、人材の育成、処遇の向上、再就職支援等の人的基盤の強化に関する各種施策を総合的に推進する」と述べられている。

これらの「人的基盤の強化」に関する諸施策は、前記の「国家防衛戦略」でもこれまでの『防衛白書』でも述べられてきたところであり、これらの施策をさらに強力に推進するとの方針に止まっている。

また、「国家防衛戦略」には明記されていた、「予備自衛官等の増強」については、「予備自衛官等の活用」という文言に変わっており、積極的な人員数の増加という施策は採らないことが示唆されている。

量的拡大の否定については、「自衛隊の体制等」の節の中の「組織定員の最適化」の項において、「二〇二七年度末の常備自衛官定数については、二〇二二年度末の水準を目途とし、陸上自衛隊、海上自衛隊、航空自衛隊それぞれの常備自衛官定数は組織定員の最適化を図るため、適宜見直しを実施することとする。また、統合運用体制の強化に必要な定数を各自衛隊から振り替えるとともに、海上自衛隊及び航空自衛隊の増員所要に対応するため、必要な定数を陸上自衛隊から振り替える。このため、おおむね二〇〇〇名の陸上自衛隊の常備自衛官定数を共同の部隊、海上自衛隊及び航空自衛隊にそれぞれ振り替える。

なお、二〇二七年度末までは、自衛官の総計を増やさず、所用の施策を講じることで、必要な人員を確保する」とされている。

この「二〇二七年末までは、自衛官の総計を増やさず」との方針は、将来の戦争様相を踏まえない、非現実的な楽観論が前提になっている。苛烈なウクライナ戦争の実相を踏まえれば、これでは防衛所要を満たすことはできず、自衛隊法第三条に自衛隊の任務として課せられた「我が国の平和と独立を守り、国の安全を保つ」ことは困難であろう。

また、「防衛力整備計画」が冒頭に明記している、「二〇二七年までに、我が国への侵攻が生起する場合には、我が国が主たる責任をもって対処し、同盟国等の支援を受けつつ、これを阻止・排除出来るように防衛力を強化する」との方針も完遂できないであろう。

一日平均五百人以上の戦死者が出ていると言われる、ウクライナ戦争における人的損耗は激烈である。ウクライナ軍は、開戦から約九六〇日で、約六〇万人が戦死し同数以上の戦傷者が出たとみられている。戦死傷者比率は、開戦前の総人口三千八百万人の三・二パーセント以上と、第一次大戦の参戦国総人口に対する戦死傷率一・一九パーセントの約二・七倍に達している。

自衛隊の国土防衛戦で、百日の戦闘で五万人の戦死者と五万人以上の戦傷者が出れば、計十万人、三分の一以上に達し、自衛隊は常備も予備も含めほぼ戦力を失うことになる。

なお、国民保護法第三条第一項では、「(国は)その組織及び機能のすべてを挙げて自ら国民の保護のための措置を的確かつ迅速に実施」し、同条二項・三項に規定されている地方公共団体、指定公共機関及び指定地方公共機関の責務である国民保護の措置を、「的確かつ迅速に支援し、並びに国民の保護のための措置に関し国費による適切な措置を講ずること等により、国全体として万全の態勢を整備する責務を有する」とされている。

この国としての責務に基づき、前述したように、今回の安保三文書では、陸上自衛隊に、「国民保護」の任務が新たに付加された。

今回の「国家防衛戦略」と同様に、「防衛力整備計画」でも、「機動展開能力・国民保護」の項において、「国民保護にも対応できる自衛隊の部隊の強化、予備自衛官の活用等の各種施策を推進する」とされており、国民保護任務が追加されている。

そのための要員の確保策も必要だが、具体的な施策は示されていない。

他国では、国民保護については、郷土防衛隊あるいは後備予備などが当たるのが通例である。郷土防衛隊とは、アメリカにおける州兵など、平時には地域の防衛・防災のために存在し、有事に臨んでは政府の指揮下に入る存在を指す。後備とは、定年に達した兵士や予備役を終了した者に対する兵役を指す。

現在の自衛隊の任用制度では、前述したように、予備自衛官定数は四万八千名足らずで、実員は三万三千名程度に過ぎない。予備自衛官は、常備自衛官が出動した後の警備任務などを引き継ぎ、補給・輸送などの後方任務、損耗補充などに充てられることになっている。

有事になれば、わずか三万数千名の予備自衛官は、損耗補充に充てられ、後方の警備にも補給等の任務にも対応することすら困難になると予想される。そのような中、国民保護も任務として全うすることは不可能に等しい。

現代戦では、海の障壁は大幅に低下している。日本のような島嶼国でも、有事には奇襲的に対地攻撃を受け、陸上自衛隊にも当初から大量の損耗が出ることが予期される。

ウクライナ戦争は地上戦であり、島嶼防衛作戦の我が国の自衛戦争とは異なる。我が国の国土防衛戦では、できる限り前方・早期に撃破するとの方針の下、大半を洋上または空中で撃破できるであろうとの戦争様相の見通しが、陸上自衛官削減の前提となっているのかもしれない。

しかし、中東での二〇二四年の四月と十月の地上国境を接しないイランとイスラエルの間のミサイルの応酬を見ても、海はもはや必ずしも障壁にはならない。

前述したように、中国は日本全域を覆うＡ２／ＡＤ（接近阻止・領域拒否）戦略を可能とする濃密な各種ミサイル網を展開しているとみられている。この点でも、日本有事においても、開戦当初からのミサイル攻撃などによる国土での防衛戦は起こる可能性が高いとみて、備えなければならない。

国土への直接のミサイル・ドローン攻撃の可能性は高く、国民保護は重要だが、まず目標となるのは在日米軍基地、自衛隊基地などの軍事目標である。この点でも、在日米軍基地と海空自衛隊の地域防衛・警備、特に対空掩護を含めた基地地域の警護は最優先で考慮しなければならない。

また、無人や遠隔地の離島への奇襲的着上陸侵攻・占領という事態も予想され、その排除や抑止も求められる。政経中枢・基幹インフラ・原発などの重要防護施設の警護も、警察力では質・量ともに不足し対処困難である。特に精鋭部隊の特殊部隊の攻撃には武器・訓練水準の面で対処できない。

これらの脅威は、本格的な着上陸侵攻の前か並行して行われる可能性が極めて高い。サイバー攻撃対処については、安保三文書では言及されているが、その対応も主として陸上自衛隊が行うことになっている。それ以外の前記の、ミサイル・ドローン攻撃対処、重要防護施設の警護、無人島等への侵攻対処、特殊部隊対処等、国土への各種の直接的脅威の排除も陸上自衛隊の担当となり、国民保護にも応じなければならない。

以上のような侵攻様相を前提とするならば、陸上自衛隊の国土防衛に果たす役割は、これまで以上に重要になっていることは明らかである。それにもかかわらず、自衛官の総数を二〇二七年末まで据え置き、陸上自衛隊から二千名を海空自衛隊に振り向けることを前提とするならば、安保三文書に書かれた防衛戦略に基づき任務を完遂できるとはとても思われない。

海空自衛隊の隊員数が所要を満たしていないことは、言うまでもない。しかし、それを陸上自衛隊員から転用すればよいとする、「国家防衛戦略」と「防衛力整備計画」の方針は改められねばならない。

それでは、このような自衛官総数据え置き方針の前提となっている、「少子高齢化に伴う隊員の募集難」という見通しはそもそも正しいのであろうか。また本当に日本にはそのような隊員数を徴募するだけの人がいないのであろうか。日本の人口や経済規模からみて、今の募集難は当然の結果と言えるのであろうか。

このような問題意識に立ち、各国の予備役制度の現状と政策、及び今の四分の一の人口規模だった明治建軍期から戦前・戦中の日本の予備役制度の沿革を見てみる必要がある。

第三節　諸外国と日本との兵員数比率の比較分析

「募集対象人員がいない」は誤り

諸外国の予備役の兵力が、総人口や経済規模（ＧＤＰ）、あるいは正規軍の兵員数に対してどの程度の比率になっているかについて、『二〇二三年ミリタリー・バランス』のデータに基づきまとめると次ページのようになる。

国名	軍事費総額(百万ドル)	一人当たり軍事費(ドル)	軍事費の対GDP比率(%)	正規軍兵員数(千人)	予備役・準軍隊兵員数(千人)	正規軍・予備役・準軍隊計の対人口比(%)
日本	48,079	387	1.12	247	70(注1)	0.254
米国	766,506	2,272	3.06	1,360	817	0.645
英国	70,029	1,033	2.19	150	72	0.327
フランス	54,417	797	1.96	203	142	0.505
ドイツ	53,371	633	1.32	183	33	0.256
台湾	16,164	685	1.95	169	1,669	7.672
韓国	42,991	829	2.48	555	3,114	7.077
中国	242,409	171	1.20	2,035	1,010(注2)	0.215
北朝鮮	不明	不明	不明	1,280	789(注3)	7.971
ロシア	66,857	471	3.13	1,190	2,059	2.288
インド	66,645	48	1.92	1,468	2,763	0.304
パキスタン	9,768	40	2.59	652	291	0.388
イラン	44,011	507	2.23	610	390	1.153
イスラエル	19,350	2,171	4.30	170	473	7.213
世界	1,978,617	326	1.67	20,774	30,428	(注4) 0.644

『軍事費と兵員数の国際比較』(二〇二二年時点)

注1: 日本の準軍隊として海上保安庁14,681人が算定されている。しかし、海上保安庁法第二十五条において、「この法律のいかなる規定も海上保安庁又はその職員が軍隊として組織され、訓練され、又は軍隊の機能を営むことを認めるものとこれを解釈してはならない」と規定されており、準軍隊として算定することはできない。したがって日本の兵員総数は海上保安官の定員を省いた30.2万人となる。なお、2024年3月31日現在の防衛省のデータでは、現役自衛官の法令上の定数247,154名(充足率92.2%、実員227,876人)、定員外の即応予備自7,981名、予備自衛官47,900人(充足率約7割、実員は3.35万人程度)、予備自補4,621人を合わせて307,656人(予備自のみ実員とすれば293,256人)になる。『2023年ミリタリー・バランス』では、現役は定数の24.7万人としており、予備自・即応予備自・予備自補を合わせた定員外の自衛官は60,502名となる。2023年3月末時点で、30.8万人が海保を除いた概略の定員数になる。即応・予備自補も合わせた予備自衛官と海上保安官の合計数は75,183人となる。したがって『2023年ミリタリー・バランス』の数値7万人は5千人少ないことになる。しかし、予備自の充足数を少なく見て、端数を切下げれば約7万人でも間違いとは言えない。その場合の総兵員数30.2万人の対人口比率は、0.242パーセントになる。

注2: 中国の場合は民兵制度があり、『平成30年版　防衛白書』では、中国軍の「民兵」について、以下のように記されている。「平時においては経済建設などに従事するが、有事には戦時後方支援任務を負う。国防白書「2002年中国の国防」では、「軍事機関の指揮のもとで、戦時は常備軍との合同作戦、独自作戦、常備軍の作戦に対する後方勤務保障提供及び兵員補充などの任務を担い、平時は戦備勤務、災害救助、社会秩序維持などの任務を担当する」とされる。2012年10月9日付『解放軍報』によれば「2010年時点の基幹民兵数は600万人とされている」。その後の、中国軍の民兵の数についての発表はないが、600万人前後の民兵の動員は可能とみられ、民兵の任務は、国際標準では、後備役に当たる。民兵を加算すれば、予備役と準軍隊の合計数は701万人となり、正規軍と計904.5万人、総人口に対する比率は0.638パーセントとなり、米国あるいは世界平均並みになる。

注3:『2023年ミリタリー・バランス』によれば、北朝鮮には準軍隊(著者注:労農赤衛軍を指すとみられる)が約570万人いると見積もられている。これを加えると、総兵員数は778.9万人となり、対人口比率は、29.93パーセントと世界一の高比率となる。

注4: 2022年の世界人口については、国連人口基金が発表した『世界人口白書2022』に基づき、79億5400万人として、比率を出している。中国の民兵600万人と北朝鮮の準軍隊570万人を加えると、総兵員は6490万人となり、対人口比率は0.816パーセントとなる。こちらが実態に近い数値とみられる。その場合の日本の海上保安庁を除く兵員比率0.242パーセントは、世界平均の3.37分の1となる。

日本の兵員比率は世界の三分の一

前ページの表『軍事費と兵員数の国際比較』から、以下の点が指摘できる。

①日本の海上保安庁を除いた兵員の対人口比率は、世界平均の二・五分の一、中朝の民兵、労農赤衛軍などを加えると三・三七分の一に過ぎない。

②日本周辺国の、北朝鮮、韓国、台湾の総兵員数の対人口比率は、七パーセント以上に達し、世界的にもイスラエルを除き、例のない高密度となっており、数百万人の予備役と準軍隊を保有している。

③中国も民兵を加えれば、世界平均並みの動員兵力を擁している。北朝鮮も労農赤衛隊などの準軍隊を加えると総人口の約三割と、世界一の比率になる。朝鮮半島も台湾海峡も、ともに多数の兵力を動員可能な態勢を維持し厳しい対峙を続けていることは明らかであり、その中で日本だけが、世界平均の約三分の一の低い比率に止まっている。

④ウクライナ戦争中のロシアでも、北朝鮮、韓国、台湾の比率の三分の一だが、米国の比率に比べると約三・五倍になる。

⑤米国の兵員比率は世界平均並みだが、英仏独など欧州先進国は世界平均より兵員比率は少なく、ウクライナ戦争継続中でも、欧州の兵員比率は伸びていない。

⑥インドとパキスタン、インドと中国は、ともに世界平均以上の動員可能兵員比率を維持しており、対峙を続けている。

⑦イスラエルは総人口の七パーセント以上、イランも世界平均の一・八倍の動員可能兵力を擁し、厳しい対峙を続けている。

⑧一人当たり軍事費では、米国は戦争をしているロシアの約四・八倍、英国は二・二倍、イスラエルは四・六倍を使っている。韓国は日本の二・一倍、台湾は一・八倍、イランは一・三倍を使っている。

これらのデータから判断すれば、日本の兵員比率は世界平均の約三分の一に過ぎず、また南北朝鮮、中台など日本周辺国の世界的に見ても極めて高密度の兵力規模と比較しても、危険なほど兵力密度も兵員数も過少なことが明らかである。

安保三文書が、中期的に自衛隊員の総数を据え置くとしている判断の根拠としている日本の少子高齢化は、世界平均の兵員比率からみれば、本質的理由とは言えない。人がいないのではなく、世界各国が行っている平均的な国を挙げた国防に対する啓発の努力を怠っているため人が集まらないということが、自衛官の募集難、人員確保の困難の根本的原因である。

まず国民の国防意識が世界一低いことが挙げられる。次の「世界価値観調査」(二〇一七年から二〇二〇年)の結果によれば、日本人の「もし戦争が起こったら国のために戦うか」との質問に対する「はい」という回答の比率が、七九カ国中、最低の一三・二パーセントに過ぎなかったことでも明らかである。二番目に低いリトアニアでも三二・八パーセントあり、世界的には約四分の三の国は、五割を超え、六割から七割の国が大半である。近隣国の中国は八八・六パーセント、台湾は七六・九パーセント、ロシアは六八・二パーセント、韓国は六七・四パーセントに達している。米国は五九・六パーセントである。

逆に「いいえ」と答えた比率は、四八・六パーセントと世界で六番目に高い。この比率は、軍への協力忌避感情の強さ、逆に言えば、国防の必要性、重要性がいかに国民に理解されていないかを示している。自衛官の募集に応じる人や協力する人が国民の間に少ない一因でもある。

また、日本の場合は、「分からない」との回答も世界一多く、三八・一パーセントに達している。「分からない」ということは、国防や安全保障、愛国心についての教育や、国際情勢特に日本周辺情勢の実態について、日本国民の多くが教育を受けていないか、実態を知らされず、判断能力を欠くか判断の根拠を見失っていることを示している。

このデータから、日本国民全体に対する国防意識と愛国心の啓発が初等教育段階から必要なことが明白である。また高等教育・研究機関でも国際情勢教育、軍事教育がなされていないことの影響が如実に表れている。教育のみならず、日々国内外情勢について報道しているメディアの責任も大きい。占領下のプレスコード等に端を発する、メディアの反国家、反体制、反軍という偏向は今も継承されている。

国民一般の国防意識の欠落という問題とは別に、兵員比率が世界平均より三分の一も低く、約一億二千五百万人の人口規模がありながら、わずか四万八千人前後の予備自衛官すら募集難で、充足率が七割程度に止まっているのは、国として真摯な世界平均並みの国防努力、特に兵員の徴募に対する真摯な取り組みを怠っていることの証左でもある。少子高齢化は、怠慢の口実に過ぎない。

世界的には徴兵制の国も多く、兵員比率が高くなるのは当然かもしれない。また英独などの兵員比率は日本よりわずかに多い程度で、日本と大差はない。しかし、日本の場合は、周辺国の兵員比率が、南北朝鮮、台湾など

Q151- Of course, we all hope that there will not be another war, but if it were to come to that, would you be willing to fight for your country?

	TOTAL	Willingness to fight for country				
		Yes	No	Don't know	No answer	Other missing Multiple answers Mail (EVS)
Andorra	1,004	44.7	55.0	-	0.3	-
Argentina	1,003	49.2	29.8	19.1	1.9	-
Australia	1,813	56.9	40.8	-	2.3	-
Bangladesh	1,200	89.8	4.3	5.6	0.2	-
Armenia	1,223	82.6	13.4	3.3	0.7	-
Bolivia	2,067	81.4	15.6	2.8	0.2	-
Brazil	1,762	43.9	45.9	9.0	1.3	-
Myanmar	1,200	84.1	15.9	-	-	-
Canada	4,018	42.6	57.4	-	-	-
Chile	1,000	38.9	47.8	12.4	1.0	-
China	3,036	88.6	10.2	-	1.2	-
Taiwan ROC	1,223	77.0	23.0	-	-	-
Colombia	1,520	75.3	24.7	-	-	-
Cyprus	1,000	58.9	30.3	9.0	1.9	-
Czechia	1,200	34.4	56.7	7.8	1.1	-
Ecuador	1,200	79.2	17.8	2.5	0.2	0.2
Ethiopia	1,230	84.4	10.7	4.6	0.2	0.2
Germany	1,528	47.6	42.3	7.4	2.6	-
Greece	1,200	69.6	16.3	5.7	1.0	7.3
Guatemala	1,229	61.6	36.7	-	1.7	-
Hong Kong SAR	2,075	50.0	48.0	1.5	0.5	-
India	1,692	68.9	21.1	10.0	-	-
Indonesia	3,200	86.4	12.8	0.8	0.0	-
Iran	1,499	72.8	25.9	0.7	0.6	-
Iraq	1,200	76.6	18.9	2.3	2.2	-
Japan	1,353	13.2	48.6	38.1	0.2	-
Kazakhstan	1,276	66.2	16.7	13.5	3.6	-
Jordan	1,203	93.8	4.4	1.7	-	-
Kenya	1,266	70.5	24.3	3.9	1.1	0.1
South Korea	1,245	67.4	32.6	-	-	-
Kyrgyzstan	1,200	92.7	6.1	0.9	0.3	-
Lebanon	1,200	64.7	32.3	3.0	-	-
Libya	1,196	80.7	14.8	2.5	0.3	1.7
Macau SAR	1,023	40.8	58.7	-	-	0.5
Malaysia	1,313	79.0	21.0	-	-	-
Maldives	1,039	85.3	13.6	0.2	1.0	-
Mexico	1,741	68.6	28.9	2.4	0.2	-
Mongolia	1,638	79.6	20.3	0.0	-	-
Morocco	1,200	84.0	16.0	-	-	-
Netherlands	2,145	28.4	27.2	29.0	1.4	14.1
New Zealand	1,057	39.5	31.9	25.2	-	3.4
Nicaragua	1,200	55.5	22.0	17.2	5.2	-
Nigeria	1,237	67.6	29.7	2.0	0.6	0.1
Pakistan	1,995	85.9	11.5	2.3	0.3	-
Peru	1,400	68.0	27.1	4.3	0.6	-
Philippines	1,200	76.0	24.0	-	-	-
Puerto Rico	1,127	69.0	29.5	-	1.4	-
Romania	1,257	50.6	30.2	17.6	1.6	-
Russia	1,810	67.9	23.5	8.0	0.6	-
Serbia	1,046	52.7	36.0	7.5	3.7	0.1
Singapore	2,012	74.3	20.8	-	5.0	-
Slovakia	1,200	32.2	52.5	11.8	3.5	-
Vietnam	1,200	96.4	3.6	-	-	-
Zimbabwe	1,215	69.8	29.4	0.7	0.1	0.1
Tajikistan	1,200	80.5	19.5	-	-	-
Thailand	1,500	67.7	31.1	-	1.2	-
Tunisia	1,208	82.8	12.9	0.9	0.2	3.2

（資料）World Values Survey ホームページ（2025.1.29 閲覧）

七パーセントを超える国が集中している。中国も民兵を含めると、日本の約二・五倍の比率になる。しかも中国は世界一の約十四億人の人口を擁している。

日本を取り巻く軍事力バランスの特殊性を考慮すれば、日本の兵員比率の低さは、軍事的なバランス・オブ・パワーという観点からみて、侵略を誘発しかねないほど周辺国と比べて異様に低い。

日本は国を挙げた自衛官徴募への真摯な努力をしなければ、装備はあっても使いこなせる人員がいない、損耗が生じても補充員がいない、部隊転用後の地域や駐屯地・基地の警備をする人員もいない、重要施設の警護もできないということになるであろう。予備役制度の拡充、予備自衛官の大幅増員を伴わなければ、「安保三文書」に述べられた防衛任務は完遂できない。予備役制度拡充は、啓発教育と国家施策により可能である。

第四節　日本としてのあるべき予備役制度

旧軍の予備役制度

旧軍の予備役制度について、樋口譲次『わが国の予備役制度のあり方について』では、以下のように述べられている。

旧軍の予備役制度は、陸軍がフランスやドイツを参考として、一八七三年に徴兵制を発足させたことに始まる。一八七二年十一月二十八日に徴兵詔書が発せられ、それを受け、翌六年一月に徴兵令が布告された。徴兵詔書とともに発せられた徴兵告諭に「西欧人は税金を血税と称し、生血によって国に報ずるのであり、兵役もその一種である」との記載があるように、国民の「国防の義務」を明らかにするとともに国民皆兵の兵役制度を説いている。

海軍は当初、志願兵のみで構成されていたが、一八八三年の徴兵令から正式に徴兵に移行した。

一八八九年、明治憲法が発布され、徴兵令も新しい法律の形（法律第一号）に改正された。当時、陸軍はフランス式からドイツ式に変わりつつあったので、徴兵令もドイツ式が導入された。

この徴兵令は、一九二九年に兵役法として改正されるまで存続した。兵役法は、基本的に徴兵令の大綱を踏襲し、戦時中の招集源不足を補うため毎年のように改正を行いつつ終戦に至った。

旧軍の予備役制度では、一八八九年の徴兵令によってその骨格が固まった。兵役は、常備兵役、後備兵役、補充兵役、国民兵役の四つに区分し、さらに常備兵役を現役と予備役に区分した。

満二十歳になったら徴兵検査を行い、合格者の中から翌年常備兵役の現役に入る者を決定した。常備兵役の予備役は、三年間の現役修了者が陸軍は四年間、海軍は三年間勤務するものであり、隔年一度の演習（六十日）と簡閲点検（いわゆる「呼び出し」）に参加する義務があった。後備兵役には予備役修了者が指定され、常備に欠員があった時の要員であり、戦時の招集源であった。以上の兵役に該当しない十七歳から四十歳までの男子（丁種除外）は、国民兵役として非常時の地域警備に従事した。

一八七三年の徴兵令による正式の徴兵は、一八七四年から始まり、年間約一万人程度であった。一八八九年の徴兵令の下では、現役兵として年間約二万人が徴集され、十万名余が補充兵に指定された。日清戦争を経て日露戦争の開戦前年（一九〇三）末の陸軍現役下士官兵卒数は、十六万七千名であったが、一九〇五年十月末の戦争終結後には百万人近くにまで膨れ上がる大動員を行った。

第一次世界大戦（一九一四年～一九一九年）直前の平時陸軍兵力は、二九万二千名であった。我が国の徴兵数が急激に増加したのは一九三七年に始まった支那事変（日華事変）以降である。戦争が長期化するにつれて動員規模も拡大し、事変開始後の一九三七年中に陸軍が動員した兵員は五一万人に上り、大東亜戦争開戦の一九四一年には八七万人が新たに動員された。この年、海軍も志願、徴兵合わせて十万人を新たに徴募している。それでも足りない兵員が新たに戦場に送られ、先の大戦において、軍人軍属合わせて一千万人以上が動員された。男子の六人に一人が軍務に服したことになる。

この間、予備役補充源としてドイツの一年志願兵制度やアメリカのＲＯＴＣ（予備役将校訓練課程）を参考にして、陸海軍とも幹部候補生養成の新しい制度作りに着手した。一九三九年時点では、陸軍の兵科中・少尉の七割以上がこの出身となり、一九三四年の学徒出陣につながっていった。

予備役を直接管理したのは、連隊区司令部であった。連隊区司令部は、徴兵、動員、招集、そして在郷軍人の指導などを行う軍事行政専門の機関であり、全国に配置されていた。

師団の管轄地域である師団区を四つの連隊区に分け、連隊区司令部は基本的に歩兵連隊の所在地又は近傍市に配置された。

連隊区司令部は、連隊区司令官を長とし、その副官（一名）、部員数名、下士官二～三名、その他十数名の要員から成る官署であった。大東亜戦争が始まった一九四一年には、一府県一連隊区とし、所在地を府県庁と一致させた。

一九四五年三月には、それまでの連隊区司令部は閉鎖され、臨時編成の連隊区司令部と地区司令部が設けられた。それぞれの司令官は兼職とされ、師管区司令官に隷属した。

このように、日本は徴兵制のもと、全面動員をかけて大東亜戦争を戦い抜いたのであった。しかしその間に国民がはらった犠牲は大きく、戦後の占領下で、徴兵制の廃止はもちろん、戦力不保持の新憲法制定を強いられ、明治建軍以来積み上げられてきた日本の人的戦力基盤も灰燼に帰した。

戦後の日本でも審議された「屯田兵」と「郷土防衛隊」制度

戦後の自衛隊創設により、偽装された形で日本の再軍備が始まり、人的戦力基盤についても、その必要性が痛感されるようになった。その中で、構想されたのが、「屯田兵制度」、「郷土防衛隊構想」であった。

樋口恒晴は『〝郷土防衛隊〟構想の消長』（国士舘大学日本政教研究所、一九九八年）において、これらの制度化が国会で審議されながらも廃案に至った経緯を詳細に分析している。

樋口論文は冒頭、自衛隊の人的規模の不足について、その必要性と現状について、指摘している。

「自衛隊とくに陸上自衛隊の、諸外国陸軍と比べた場合の顕著な特徴は、有事動員時の後方支援や後方警備能力の不足である。また、海空自衛隊も、有事の港湾基地や航空基地の防御態勢が重大な弱点になっている。（中略）

自国本土の有事を考えた場合、侵攻してくる敵部隊を迎え撃つ兵力とは別に、後方を警備したり、疎開支援や住民防御や治安維持に任ずる組織が必要になる。それに加えて、陸上兵力には一般国民と軍隊との心理的乖離を招かないための接着剤として機能するという要請もある。これには、脅威の規模とは無関係に人口あたり一定の比率が求められることになる。

ところが、（一九九七年当時の樋口自身の研究によれば、）陸上自衛隊の現状は、北海道の部隊を別にすれば、海空自衛隊の主要な港湾基地や航空基地及び若干の重要施設を警備するだけで手一杯の規模でしかない」

以上の指摘は、今日でも悪化こそすれ、何ら解決されていない。特に陸上自衛隊の勢力について、安保三文書では、二千人を海空自衛隊に転用することすら政策として明記されている。無人アセットの活用でその問題点が解決されるとみるのは、防衛・警備任務の複雑多様性やウクライナ戦争で如実に示されているミサイル、ドローンなどの脅威の実態を軽視していると言わざるを得ない。

将来戦には後方も前方もなく、後方の警備特に対空防護や分散避難といった対応が従来以上に重要性を増していることは明白である。防空を担当する部隊の所要は、ウクライナ戦争でも明らかに高まっている。ミサイル部隊や対空機関砲の必要性、電磁波戦の重要性も飛躍的に高まっている。これらに配置すべき要員も、その数も要求される質も上がっている。

他方で、地域住民の避難、誘導、保護といった民間防衛についても陸上自衛隊に任務として明示されている。このような任務には、複雑で多人数を必要とすることは、災害派遣での実績などでも明らかである。普通の国であれば、後備予備役や民兵が担当すべき任務であるが、それに任ずる予備自衛官の数が圧倒的に過少である。

樋口論文は、「戦後日本では、大規模な常備正規軍部隊を保有しようとする考えは、少なくとも公式の場で表明されたものの中には、全く無い。多くても三〇余万人体制であり、これは海上・航空の部隊を多めに見積もって加えても人口兵力比は〇・五パーセントに満たない」と指摘している。前述したように、現在も、この比率はさらに低い〇・二四二パーセントと国際平均の約三・三七分の一に過ぎない。

自衛官不足の改善策の必要性は当時から痛感されていた。ただし、兵役経験者が元自衛官以外皆無の現在と異なり、「昭和四〇年代以前には、日本は人的な意味での潜在的軍事大国であって、短期訓練で後方支援や治安警備にならば使えるような人材は社会にあふれていた。その中で、昭和三〇年頃、自衛隊とは別に短期訓練のみを受けた予備兵力たる郷土防衛隊と、予備自衛官を活用する〝屯田兵〟計画が持ち上がった。前者は予算化・歩手前まで行き、後者は予算化されながらも募集者僅少で消えるのである」。

当時の見積でも、「現役・予備の自衛官及び海上保安庁を合計し四〇万人まで増員しても、ルクセンブルグにも及ばず、倍増してやっとニュージーランド・カナダ並みである。そのことからも、現在の自衛隊の規模というものは、軍国主義とは程遠いのみならず、規模過少ではないかとの懸念を持たれるのである」とされている。

当時、ノルウェーは郷土防衛隊（陸軍）七万四七〇〇人、スウェーデンは地方防衛隊二五万人及び郷土防衛隊一〇万人、フィンランドは地方防衛隊二〇万人を擁していた。冷戦崩壊後もこれらの各国はほとんどが徴兵制を維持しており、それら諸国の〝郷土防衛隊〟とは、兵役修了者の予備役の形態であって、短期訓練のみの民兵ではない。

一九五四年五月に改進党が発表した防衛力整備計画案には、民兵制度「地方自衛隊」が含まれていた。その理由として、多数の常備兵力を抱えることの財政負担と国民に自衛の精神を奮い立たせることが挙げられている。

鳩山内閣でも、防衛六か年計画案（一九五五～六〇年度）には、一九五五年七月当時、民兵制度の採用が盛り込まれていた。民兵制は、「陸上自衛隊の正規兵力規模の抑制論と一体」のものであった。しかし杉原荒太郎防衛庁長官は、「義務制というものを前提としないでは、なかなか実行がむずかしいのではないか。「今の日本の社会状態等からして困難」とし、消極的であった。

一九五五年八月に就任した砂田重政防衛庁長官の下で、予備幹部自衛官制度と共に郷土防衛隊構想が盛り込まれた『防衛六か年計画案』が第三回防衛閣僚懇談会で了承された。郷土防衛隊構想は、自衛隊の除隊者ではなく、消防団や青年団をベースとした民兵制度として構想されていた。有事にも招集の義務は課さず、一九六〇年までに約一〇万人とするものであった。

その大要は、以下の通りである。郷土（各都道府県）の防衛を目的とし、非常の際に自衛隊と協力して防衛の任に当たることにある。十八歳以上四〇歳までの男子を対象に県単位で募集し、六〇年末までに五万人に達するようにする。訓練は毎年二〇日以内。毎月一人五百円を支給するほか、訓練の際は別に支給する。管区総監の直轄下に属し、階級は定めず、大隊長などの職制を設ける。小銃ないし機銃を装備する。募集は地方連絡部が行う。

その際に〝屯田兵〟制度も持ち上がっており、五六年度に正式に予算化されている。自衛隊の退職者を北海道防衛のために予備兵力として有効利用するとともに、一人当たり一〇町（九九一七四平方メートル）の耕地を与えて入植させるというもので、最終的には一千人ほどの規模にする予定だった。

しかし募集一二〇人に対して応募者が僅か三〇人と少なかったので制度化されなかった。戦後経済の復興も軌道に乗り、屯田兵には魅力はなくなっていた。

一九五五年十一月の保守大合同により、自由民主党が発足したが、防衛庁長官に船田中が就任するが、郷土防衛隊構想は一から再検討されることになり、防衛予算にも郷土防衛隊経費は一切盛り込まれず、また自民党内部でも再検討を要求する声が強くなった。自民党の中でも特に旧自由党系は時期尚早として消極的だった。

船田長官自身は、郷土防衛隊構想の考え方は「たいへんいいことだ」と述べたが、「まだ結論に達しておりません」と答弁したきりで終わってしまっている。

一九七五年六月二二日の岸・アイゼンハワー共同声明を受け、同年八月一日、米国は日本に駐留していた米地上部隊の実戦部隊だった第一騎兵師団を撤退させ第三海兵師団第九連隊を沖縄に移駐させると発表する。「以降、日本政府与党の陸上戦力増強への積極論は見受けられなくなった」。

だが一九五九年七月に発表された第二次防衛力整備計画の防衛庁原案では、予備自衛官の増員（一万五千人を三万人に）や市民防衛制度の創設（二万人）と併せて、短期訓練による予備役の設置（三万人）が盛り込まれていた。また、昭和三六年七月第二次防衛力整備計画（一九六二年～一九六六年）が正規に決定した際、国防会議で「国民の防衛意識の高揚」などの諸施策と並び、「全国的規模における民間協力組織について検討を行うものとする」という申し合わせがなされている。

その流れの中で「昭和三八年度統合図上研究」、いわゆる〝三矢研究〟においては、検討項目「官民による国内防衛態勢の確立」の中に、①重要施設・機関、都市等の空襲騒擾に対する防衛組織、②民間防空・民間防空監視組織、官庁防空、③郷土防衛隊の設置（非常時国民戦闘組織）、④消極防空に対する統制権限（自衛隊に付与）、⑤災害保護法等の制定が盛り込まれていた。

しかし、「昭和三〇年二月一〇日に社会党の岡田春夫代議士が国会で〝三矢研究〟を問題化して以降、本格的な有事研究は防衛庁内部でも行えなくなっていた。当然、民兵組織としての郷土防衛隊研究や、その他の有事における民間の作戦協力についての検討も、行われなくなったのである」と記されている。

一九六九年一〇月、船田中自由民主党国防部会長は、私案「沖縄以降の国防展望」を発表した。ここで船田は、「わが国防力の一大欠陥は、第一線防衛部隊並みに装備に次ぐ背景の予備隊又はその施設の少ないことである。予備自衛官三万人では余りにも少ない。（中略）わが国には、古くから消防団組織があり、青年団等の経験も積んで居り昔屯田兵組織もあった。郷土防衛隊百万を組織することは敢えて不可能ではあるまい」と述べていた。

そして、付属説明の中では、自衛隊の組織について、「『百万の郷土防衛隊構想』により自衛隊が後髪をひかれることなく自由に必要な方面に機動できることになれば、相当な自衛隊の増強に匹敵することになるであろう」としている。

「恐らく、これが郷土防衛隊に関する最後の提言であったろう」と、樋口は要約し、「結語」では、「今日では、初期の防衛力整備計画の前提だった、民兵などで補完することによって陸上自衛隊の正規兵力規模を抑制するという方針は忘却され、その抑制された陸上防衛力規模が、補助兵力なしに存在しているのみである」と要約している。

樋口が指摘した防衛力特に予備兵力の規模の不足という問題は、その後の日本の防衛環境の悪化、戦争様相の劇的変化などにも関わらず、放置されたままである。樋口恒晴が最後に指摘している、潜入した特殊部隊等による、後方の一般市民や民間目標に対する無差別攻撃や破壊工作の脅威は、ウクライナ戦争でもみられるように、目標の情報・警戒監視・偵察能力の飛躍的向上、ドローン・長射程精密誘導兵器の発達、それらを統制する指揮統制・

通信・情報ネットワークのグローバルな展開などの要因により、さらに飛躍的に脅威度を増している。

それに対応するためには、これまで以上に、民間の協力を得て最新の技能や情報を民間から得るとともに、後備予備、民兵組織、郷土予備隊などを編成し、平時から訓練を施し、みずからそれぞれの郷土、地域や組織、家族を守れる態勢を早急に確立しなければならない。

その点で、船田構想でも示されている、消防団や青年団を改組し、所要の装備を与え訓練を施しておく「郷土防衛隊構想」は、再度検討しなければならない。

それでなければ、安保三文書が期待する「民間防衛」任務に当たれる実力組織は、現状の陸上自衛官と予備自衛官の勢力では、とても対応できないことは明白である。国民は自らの責任で自らと地域・組織の安全を守る責任があることを自覚しなければならない。それは、憲法の条文に関係なく、有事において避けられない国民自身の基本的責務である。その現実から、政治家も国民も目を背けていては、危機を乗り切り生き延びることすらできないであろう。

予備役制度のあり方についての提言

1．予備自衛官の所要数確保策

予備自衛官の所要数の見積について、樋口譲次『わが国予備役制度のあり方について―現役（常備）自衛官と予備自衛官を併せ「総合戦力（トータルフォース）百二十万人体制」を整備せよ」（二〇一三年四月）によれば、

「世界各国の現役（常備）と予備役を合わせた全兵員数は、概ね人口の約一パーセントが標準的である」ことから、現役（常備）と予備自衛官を合わせた「総合戦力（トータル・フォース）」を、対人口比約一パーセントを基準に、「百二十万体制」にすることを提唱している。

この提案は、世界の現状からみても、決して軍国主義などではなく、平均的な防衛努力に過ぎない。現在の自衛隊の「トータル・フォース」は、前述したように、海上保安庁を含めなければ約三〇万人、対人口比〇・二四二パーセントとなり、中国の民兵と北朝鮮の準軍隊を加えた世界の兵員の平均対人口比率の約三・三七分の一に過ぎない。

「国土と国民を直接守る陸上自衛隊は、有事、現役自衛官一人をもって約一千人弱の国民を守らなければならない勘定になるが、それが無理なことは自明である。そして、予備自衛官総数は約四万人弱であり、対現役比二〇パーセント未満で、現役と予備役を合わせてもなお、兵員数が絶対的に不足している」と、樋口譲次論文は、二〇一三年に、この陸上自衛官数の不足という人的基盤の欠如を指摘している。

また、現役（常備）と予備役の比率についても、一対二という世界各国の平均的な構成比率から、現役（常備）を三五万～四〇万人、予備役を八五万～八〇万人に増員することを提唱している。この際の予備役については、非軍事予備を含むとしているが、この点は前述した通り軍事予備のみで構成すべきであり、その比率と総数については、妥当な兵数と比率である。

この問題点については、その後も何ら抜本的対策は採られていない。また安保三文書においても、前述したように、自衛官の定数はそのままに据え置き、陸上自衛隊は二千人を削減することが提言されている。海空自衛官の不足も同様であり、常備と予備を合わせた自衛官の定数不足と充足率の低さという問題に対し、総数を増やす抜本的施策を採らなければ、ウクライナ戦争でも明らかなように、たとえ装備が得られ予算が付けられても、それを使う兵員や地域の警護に任ずる兵員がいない。すなわち、戦力にはならないことは明らかである。

将来戦は、海の障壁を超えて、長射程の精密誘導兵器、無人兵器が緒戦から多用され、サイバー・電磁波・宇宙などの新領域の闘い、人々の意識をめぐる認知領域の闘いもますます熾烈化することは明らかである。その意味でも、兵員の量と質の確保は欠かせない。

人的ソースについて樋口譲次論文では、「そのほぼ全体を退職自衛官に依存せざるを得ないのが実情である。この基本政策を前提として、予備自衛官の規模を飛躍的に拡大するには、まず、現役（常備）自衛官を終了後、基本的には全退職自衛官を対象とし、引き続き、一定の条件の下に予備自衛官（即応予備自衛官、予備自衛官あるいは民間防衛（市民防衛）予備自衛官）に編入する制度を導入することが不可欠である」としている。

この点について、火箱芳文は『偕行令和六年七・八月号』（陸修偕行社、二〇二四年七月）において、「予備自衛官補の制度は継続発展すべきだが、急な所要が生起した場合間に合わず、定年退官者を含め退職した自衛官を有事に現役に復帰させる制度を確立しておくべきだ。そうしなければ慢性的な予備自衛官等の不足は補えない」と、同趣旨の指摘をしている。

この提案の趣旨を準用し、退職自衛官全員を対象として、本人の希望と適性に応じ、即応予備自衛官、予備自衛官又は、前記の郷土防衛隊員として登録することが不可欠である。

また、人的ソースについて、「大学生など自衛隊未経験者からの採用枠を拡大し、所要の教育訓練を付与する」

との提案もされているが、この点については、今日の「予備自衛官補」の採用枠を大幅に拡大することで適用できる。幹部については、米国のＲＯＴＣ（予備役将校訓練団）制度に倣い、一般大学の大学生に夏休みなどを利用し訓練し、幹部予備自衛官として登録する制度の導入も必要である。有事に最も必要とされるのは、初級将校であり、幹部予備自衛官制度の導入も不可欠である。

また処遇の低さも問題だ。元自衛官以外の社会人や学生を、教育訓練終了後予備自衛官として任用する「予備自衛官補」制度では、語学や医療技術、整備などの分野に精通した人材である技能予備自衛官補も含まれるが、その教育訓練招集手当は一日八八〇〇円と低い。このような処遇では、民間との専門人材確保をめぐる競合の中で、必要な数の適格者を募集することには困難であろう。さらに言えばまた定員数は、二〇二二年三月三十一日現在で四六二一人と、極めて少数である。その中の一部が技能予備自衛官補に過ぎない。民間の潜在能力を十分に活用するには程遠い制度と言える。

予備役制度の拡充、予備自衛官の大幅増員を伴わなければ、安保三文書に述べられた「国民保護」を含む任務は完遂できないであろう。海空自衛隊の隊員数が所要を満たしていないことは、言うまでもない。しかし、それを陸上自衛隊員から転用すればよいとする、国家防衛戦略と防衛力整備計画の方針は見直す必要がある。

安保三文書では、自衛隊全体の定数を変更しないまま防衛力整備計画を実行しようとしているが、実員すら定数と約一万四千人の乖離がある。まず実員を補充しなければ、完全充足の定員を前提とする防衛諸計画は成り立たない。

陸海空自衛官の実員を補充するとともに、定員を大幅に増加し、予備自衛官の定員も増加しなければ、安保三文書が期待する任務達成は、人的基盤の面から困難になることが予想される。

増員の目安は、樋口譲次論文に示された、正規（常備）自衛官四十万人、予備自衛官八十万人程度が、世界的な兵員密度からみても、妥当な数と思われる。国民の国防意識が世界平均水準に高まり、国が諸外国並みの諸施策をとれば、日本ほどの人口規模の国なら十分に実現可能な増員目標である。

2．専門性の高い分野の人材確保

現代戦は若さ、体力だけでなく、特に予備役等については、民間で培った専門的な各種の能力・経験・技能が必要とされる。その点でも、柔軟で幅広い補任制度がとられなければならない。

今日の新しい戦争様相ではますます高度の専門的技術が要求される。特に、ドローン操縦、建設・土木、ＡＩ・通信・電子技術、新領域のサイバー・宇宙・電磁波、情報分析、語学、医療・救護、法務など、広範多岐にわたる分野の専門家の協力が、ますます必要性を増している。

これらの分野は民間が進んでおり、かつ大量の技能者、専門家を擁している。その意味では、予備自衛官補の中でも、技能公募の枠と採用数を大幅に拡大し、民間力を活用する予備自衛官補採用制度にする必要がある。

そのためには、自衛官等について、新たな柔軟な任用制度が必要である。従来の階級や俸給表に縛られたピラミッド型の硬直的な人事制度では、民間の特殊な技能、専門的知識・経験を持った人材に対し、破格の処遇は望めない。

自衛官採用であれば、部隊としての階級制度、定員枠との調整も必要である。事務官・技官採用では、戦闘行動に際して捕虜としての扱いを受けられるか、戦闘行動とみなされる行動をとれるかなど法的な制約もある。

これらの諸問題を克服するには、個人または法人としての契約任用制度、階級にとらわれない民兵あるいは、前述した「郷土防衛隊」制度など、新しい任用制度の導入が必要である。

その際には、階級にこだわらず、能力・技能・適性に応ずる民間での処遇以上の処遇を保障しなければ、必要な人材は募集できないであろう。特に、民間でも人材不足とされている、先端分野の技能者を募るには、抜本的な処遇改善策を伴わねばならない。その点では、階級制度に対応した一律の給与体系ではなく、能力に応じ当人との契約により一括報酬を支給するなど、柔軟な俸給制度にしなければならない。

また採用年齢についても、先に述べた専門分野の多くは、年齢よりも経験や技量により能力が左右される面が強く、年齢制限は大幅に引き上げるか無くすべきである。女性や障碍者においても、相応の能力と意志があれば採用し、募集源の拡大を図るべきである。

先に述べたように、日本国民の国防意識は世界最低とは言え、一三・二パーセント約一千六百五十万人の国民が、国を守るために武器を持って戦う意思を示している。

予備自衛官補制度を大幅に拡充するとともに「郷土防衛隊」制度を創設し、その採用年齢や性別の基準を緩和し、このような意思を持つ国民の少なくとも一割を「予備自衛官」または「郷土防衛隊」の要員として、それぞれの特技・適性・能力に応じて職務を割り当て、編成し訓練できれば、募集源の問題は大幅に改善されるであろう。

その中には、女性や高齢者、障碍者も含まれているが、意志があり能力と適性、特に必要な技能がある国民は、すべて何らかの形で常備又は予備の自衛官あるいは郷土防衛隊に登録してもらい、執銃訓練を含む必要な訓練を施しておけば、国家非常事態あるいは緊急事態には、彼らの能力を組織的に活用することができる。

3．軍事任務を果たし得る「郷土防衛隊」の創設

前述した樋口譲次『わが国予備役制度のあり方について』では、以下の「わが国予備役制度のあり方」について、改善策が提言されている。

①軍事部門は防衛行動により国土を防衛し、非軍事部門は民間防衛などの非軍事的措置と活動によって国土保全を担任し、一体となって国家防衛を達成するとの、国防制度設計の基本原則の確立、②文民保護のための民間防衛組織の整備、国民に対する国を守るべき当事者としての義務責任の明示、③国民保護に重大な役割を果たす予備自衛官の増員、④武力攻撃事態等に限定されている適用対象の拡大、⑤特定物資の収容、土地等の使用など、国民の主権に一部委任や一部権利の制限を含む、総理大臣に対する有事権限の付与などを提言している。

また、「新たな制度を構築するための枠組み作り」として、憲法に「国家非常事態」を規定するべきだとしている。この点について、現在の自由民主党の憲法改正案では、自衛隊の憲法への明記に併せ、国家緊急事態に関する規定を加えるとの案が検討されており、近く国会での審議、国民投票を経て、憲法が改正され憲法に明記されることになるかもしれない。

その上で、政府、自衛隊（軍隊）、地方自治体、国民及び指定公共機関・指定地方公共機関などが一体となり、国を挙げて対処できる体制を確立することが重要である。また、すべての国民に「国防の義務」があることを確認し、その義務と責任を明確にしなければならない。

そして、「現行の国民保護法が対象とする事態を「武力攻撃事態等」から「国家非常事態」に改めれば、その適用範囲が広がり、東日本大震災など武力攻撃事態等以外のケースにも、本法律をもって国民保護を可能にすることができる」と述べている。

さらに、「わが国の防衛と国民保護（民間防衛）の実効性を確保するための新たな体制の整備」のための施策として、以下が列挙されている。

① 国、自衛隊、地方自治体および国民の一体化並びに民間防衛体制の構築

責任官庁として、行政府内に非軍事部門を統括する機関を設置する。例えば、内閣府または総務省に「国土保全庁」を設置するか、米国の「国家安全保障省」のように、各省庁の関係組織を統合運用する「国土保全省」を設置する方法もある。各都道府県には「地方保全局」を設置し、市区町村には同様の部局と「郷土防衛隊」あるいは「国民保護隊」（いずれも仮称）を置く。各国民は、自立自助を基本とし、消火、負傷者の搬送、救助など共助の責任義務を果たすものとする。

② 郷土防衛（国民保護）隊

郷土防衛（国民保護）隊は、ジュネーブ民間防衛条約第六十一条（文民保護の定義及び適用範囲）に規定された、以下の任務を遂行する。

警報の発令、避難の実施、避難所の管理、灯火管制にかかる措置の実施、救助、応急医療その他の医療及び宗教上の援助、消火、危険地域の探知及び表示、汚染の除去及びこれに類する防護措置、被災地域における秩序の回復及び維持のための緊急援助、不可欠な公益事業に係る施設の修復、死者の応急処理、生存のために重要な物

の維持のための援助、以上の任務のいずれかを遂行するために必要な補完的活動（計画立案及び準備を含む）。

「郷土防衛（国民保護）隊」には、ジュネーブ民間防衛条約第六十七条「文民保護組織に配属された軍隊の構成員及び部隊」が正当に認められるところに従い、軍事部隊（自衛隊）及び軍隊の構成員（自衛官）の一部を配置・配属し、その任務に従事させることも提案されている。

この樋口譲次案の「郷土防衛（国民保護）隊」は、その要員及び部隊は、上記の第六十一条に示された、文民保護の定義及び適用範囲に示された任務に専ら使用されること、いかなる軍事上の任務も遂行しないこと、軍隊の構成員から明瞭に区別されること、秩序の維持又は自衛のために軽量の個人用の武器のみを装備していること、敵対行動に直接参加しないこと、任務を自国の領域内のみで遂行すること、敵対する紛争当事者の権力内に陥った時は捕虜として扱われるべきことなどの規定を順守しなければならないとされている。

以上の、憲法改正、国土保全省の創設、自衛隊・地方自治体・国民の一体化、国民保護組織の創設等の樋口譲次論文の提言は、現在においても早急に実現すべき適切な施策である。

ただし、提言のように「郷土防衛（国民保護）隊」に、前記の第六十七条の規定に従い行動することを義務付ければ、情報の提供も含めて、敵対行動は一切できないことになる。国土戦の利点の一つは、地域住民の協力を得られる点にある。特に、将来戦では精密誘導兵器がますます発達し、無人機なども多用されるようになる。これらの発見・報告・追尾に国民の協力は不可欠である。そのための組織として「郷土防衛隊」は活動できなければ、現行の消防団の域を出ず、国土防衛には役立たない組織になりかねない。

また、自衛官の配備・配属についても、武力攻撃事態あるいは武力攻撃予測事態段階でも、現役自衛官は陣地構築、輸送など後方業務に手一杯となり、このような非軍事任務に自衛隊員を配置・配属する人的余裕があるかは、疑問である。ミサイルなどの脅威は、奇襲的に発生し、その際には防空戦闘などの軍事行動をとる必要も出てくる。

ましてや、過少な現有の現役及び予備自衛官の勢力の下では、非軍事任務への対応は困難である。その点は、安保三文書での「国民保護」への協力の任務化の問題点として指摘したところである。

したがって、「郷土防衛隊」は軍事任務も果たす組織として、非軍事任務のみの「国民保護隊」と明確に区分し、軍事任務も可能な「後備予備」あるいは「民兵」に類する組織とすべきと思われる。特に、訓練段階から、射撃などの執銃訓練を行い、少なくとも自衛戦闘を遂行して、特殊部隊等の破壊工作・襲撃などに対し、地域住民の保護を含む地域の防衛・警備に任じられる態勢をとるべきである。

また指揮関係についても、平時の災害派遣等では都道府県知事の指揮下に置いてよいが、国家非常事態の法的枠組みができれば、その発令以降は、内閣総理大臣が最高指揮権限者として、全国の「郷土防衛隊」を指揮・統制できる態勢にしなければ、国土全般の防衛・警備任務は遂行できない。なぜなら、現代戦ではミサイルなどの長射程精密誘導兵器が発達し、戦場の範囲が数千キロに及び、戦況の推移も極めて速いため、限られた人的資源を最も有効に運用するためには、全国の部隊を一元的に指揮・統制しなければならないからである。

樋口譲次提言では、即応予備自衛官、予備自衛官、予備自衛官補を軍事予備とし、郷土防衛予備自衛官を非軍事予備自衛官と区分しているが、郷土防衛隊も軍事予備としなければならない。非軍事予備は、従来の消防団、青年団に、避難・誘導・救助などの訓練を施すことで代替できるであろう。

昭和三十年当時、国会においても、十万人規模の「郷土防衛隊」構想が真剣に議論されたことがある。現在の我が国の安全保障環境の厳しさを踏まえるならば、当時以上の真剣な「郷土防衛隊」構想の国会での審議と法整備が望まれる。

また郷土防衛隊は、核・化学・生物兵器攻撃又はテロ、ミサイル攻撃、地域の防災、不法移民・薬物の流入・拉致などに対する治安維持、感染症対策など、さまざまの危機において、「郷土は地域の住民が自ら守る」ための具体的な、地域住民主体の実力組織ともなり得る。

4．国防の意志と能力を持った国民を結集できる体制作り

国防意志のない国民に武器を無理強いして持たせ、訓練させることはできない。またそれをすれば、本来の実力組織としての自衛隊の規律・団結が乱れ士気も低下する。浸透工作も容易になる。国民の中で国防の意志と能力を持った者の総力を結集できる体制づくりを進めるべきである。

その国民的基盤として、国防意識の啓発のための初等・中等教育段階での教育の改革、高等教育機関での防衛研究開発・戦略研究・戦争学研究・戦史研究・地政学研究などの軍事あるいは安全保障にかかわる分野の教育や研究の制度化が不可欠である。軍事教育・研究忌避の姿勢を正すことも必要である。

根本的には、現行日本国憲法の第九条二項の戦力不保持の削除、憲法への国民の国防に協力する義務の規定などが必要である。憲法への自衛隊明記は、自衛隊違憲論を封じる上では有意義だが、憲法に国民の国防協力義務を明記するか、そのような憲法解釈を公式化するとともに、初等教育段階から国防意識を涵養することが、より

本質的な問題解決には不可欠である。

また、日本学術会議を改革し、日本占領政策に端を発する学術界の軍事研究開発協力への忌避姿勢も改められねばならない。

最大の兵員比率を、戦史などの例から、意思と能力を持った国民の約一割と見積もれば、百十六万五千人の兵員を確保できるはずである。そのような人材から成る実力組織があれば、有事のみではなく、大規模災害、火災、テロその他の各種の危機に際しても、各都道府県が知事の指揮の下で、郷土防衛隊として地域を守るため自ら対処するための実力組織として運用することができる。

危機が大規模で各都道府県単独の対処能力を超える場合は、国が直接指揮・統制し、全国的な自衛隊、郷土防衛隊を集中運用して対処することになる。

このような態勢をとれれば、都道府県知事が自らの指揮下で運用できる実力組織が保持できるとともに、各都道府県の個別の対処能力を超える場合は、国として一体となって対処できることになる。

今の制度では、自衛隊は国、警察は国家公安委員会、消防組織は市町村長の指揮下にあり、都道府県知事が指揮できる、各種の危機対処のための実力組織が不在である。郷土防衛隊組織ができれば、都道府県知事の指揮下で危機時に即座に運用できる実力組織ができることになる。郷土防衛隊の編成・装備や運用の基本は全国共通にし、相互運用性を持たせなければならないが、給与・手当などは知事が決定権を持ち、それぞれの地域の特性に応じた組織にすることも必要である。

自衛隊法第八十条では、「我が国に対する外部からの武力攻撃が発生し防衛出動命令が発出された場合等において、内閣総理大臣は、自衛隊と海上保安庁との通常の協力関係では効果的かつ適切な対処が困難等の特別な必要があると認めるときは、海上保安庁の全部または一部を防衛大臣の統制下に入れることができる」と定めている。

5．海上保安庁の準軍隊としての位置づけ

しかし海上保安庁は、現行の海上保安庁法第二十五条の、「この法律のいかなる規定も海上保安庁又はその職員が軍隊として組織され、訓練され、又は軍隊の機能を営むことを認めるものとこれを解釈してはならない」との条文が改正されない限り非軍事的組織であり、準軍隊とみなすことはできないことは、前述したとおりである。この点について、自衛隊法が制定されて以降、具体的な防衛大臣による海上保安庁に対する統制の在り方は明確になっていなかった。しかし、「安全保障環境が急速に厳しさを増す中で、自衛隊と海上保安庁の連携・協力の強化は急務」との認識の下、日本政府は、安保三文書の国家安全保障戦略において、「有事の際の防衛大臣による海上保安庁に対する統制を含め、自衛隊と海上保安庁との連携・協力を不断に強化する」との方針を明記した。

これを受け政府は二〇二三年四月、新たな統制要領を策定し、「有事の際には閣議決定を経て、海上保安庁を防衛大臣の統制下に入れるための具体的な手続き」等を定めている。

そして今後は、「防衛省・自衛隊に集約された情報を踏まえた統一的かつ一元的な指揮に基づき、自衛隊と海上保安庁が通常の協力関係以上に迅速・的確な役割分担の下で事態への対処に当たる」としている。

統制要領が明確になったのは大きな前進ではあるが、本来は、海上保安庁法第二十五条を改正し、海上保安庁

法に「軍事的な役割を担う」と規定することが望ましい。中国の海警は法律を改正し、防衛任務も担うこともできると明確に規定されている。

第二章でも詳述したように、尖閣諸島周辺でのグレーゾーンの危機が高まっている今日、単なる大臣レベルの統制では、海上での即時の対応を迫られる状況下で、即時に一体的に行動することは困難とみられる。現場指揮官レベルの直接的な指揮統制権も認めるべきであろう。

6. 慰霊・顕彰も含めた処遇の大幅改善

処遇の大幅改善については、樋口讓次論文では、退職自衛官に対する確実な就職援護、予備自衛官等に志願することによる不利益を被らないこと、事業主に対する一定比率の退職自衛官の雇用の義務化と適正な身分保障、税制上の優遇措置を定めた「退職自衛官雇用促進法」（仮称）の制定などが挙げられている。

福利厚生面では、「全国自衛隊病院の使用を含む医療給付の充実、特別年金制度の創設、栄転の格上げなどの施策を、また、殉職自衛官の国家慰霊・顕彰については、その施策の具体化をそれぞれ強力に推進することが必要である」としている。

以上の軍人や退役軍人の処遇改善、福利厚生などの施策は、世界各国とも国として責任を持って行っている当然の措置である。我が国の場合は、国民の国防への理解が浅く、十分な措置が取られているとは言い難い。募集難解消のためにも、基本手当、訓練招集手当の増額などの処遇改善、身分保障、就学支援、再就職支援などの充実が必要である。

更に、樋口譲次論文も指摘しているように、「国家としては、退職自衛官と予備自衛官に対する福利厚生並びに殉職自衛官の国家慰霊・顕彰に関する施策を強化しなければならない」ことは言うまでもない。

靖国神社での慰霊についても、「国家のために尊い命を捧げられた人々の御霊（みたま）を慰め、その事績を永く後世に伝える」という創建以来の本来の目的に立ち返り、英霊の慰霊と顕彰の聖地としての地位を復活すべきであろう。

そのためには、国として、国難に殉じた慰霊・顕彰すべき戦死者等の霊璽簿、顕彰碑等を、その根拠法令とともに整備し管理しなければならない。一九七四年に廃案となった「靖国神社法案」の再審議も必要と思われる。

7．予備自衛官管理専従組織の設置

管理体制についても、専従組織が必要である。増加する予備自衛官の管理、退職自衛官の再就職援護、退職自衛官と予備自衛官の福利厚生、並びに殉職自衛官の国家慰霊・顕彰など退職自衛官および予備自衛官の管理に関する複雑多岐にわたる行政を、任務及び所掌事務とする、「退職・予備自衛官管理庁」（仮称）を防衛省（外局）に設置することが、樋口譲次論文では提唱されている。この組織は、米国の退役軍人省、米陸軍予備役コマンドの両組織の機能を兼ね備えることになるであろう。

また地方の管理組織として、現在の自衛隊地方連絡本部、旧軍の連隊地区司令部を例に、予備自衛官管理のための機能を一体的に強化するとともに、教育訓練体制を整備充実しなければならない。

第四章　日本の防衛生産基盤の強化、武器輸出の振興

防衛生産基盤の強化は、人的要素と並び防衛力そのものでもあり、各国は先端技術の研究開発にしのぎを削り、武器輸出にも国を挙げた振興に努めている。我が国においても安保関連三文書の中で、防衛生産基盤の強化については強調されている。三文書は、本書の中でも度々登場してきたが、「諸外国からの軍事攻撃を受ける可能性」を想定して策定されたこれら文書はやはり画期的なものであった。三文書の中に明記された諸方針は実効性も高く、評価すべきものだと言える。

三文書ではスタンド・オフ防衛能力や次期戦闘機、ドローンなどの無人アセット等の先端装備・技術分野への集中投資の必要性も強調。国がこれらの分野に投資していく効果は民間にも波及し、国全体として経済成長へとつながっていくことも期待できる。

ただし、手放しで評価するわけにはいかない。そこには時間的見通しや持続性／強靭性に対する認識の甘さ、そして実戦を意識した秘策としての不十分さが残っている。

三文書は中期で「二〇二七年以内」、長期で「おおむね十年後」との目標年次を定めている。しかしこれまでも述べてきたように、二〇二七年までに台湾有事などの事態が生起する可能性も高い。「十年後」を見据えることも重要である一方で、〝今〟有事が起こったらどうするかを検討し、そこで必要なものを調達する視点も欠かせない。

また専守防衛の方針を貫く日本は「敵から攻撃を受けたが、生き残る」ことが前提であるはずなのに、その残存性については軽視されていると言わざるを得ない。たとえばミサイル攻撃に備えるために敵の射程外から反撃可能なスタンド・オフ・ミサイルの増産体制の確立なども明記されているが、その配備数は不十分だ。また長期的な継戦能力についても、とても十分ではない。おまけに日本には北朝鮮や中国、ロシアといった脅威が存在するが、どの国が最大の脅威なのかも特定されていない。

これらの対応が取られなければ、せっかくの三文書も最大の効果を発揮できないどころか、多額の予算が無駄になってしまうおそれもある。

また大前提として、多くの企業にとって、防衛事業はうまみのない事業となっている。せっかくコストをかけて開発しても、販売対象が自衛隊に限られ、利益が見込めないからだ。日経新聞は二〇二三年六月七日、「直近二〇年で一〇〇超の企業が防衛産業から撤退した」と報じている。ただし政府は、二〇二七年度には防衛費を国内総生産（ＧＤＰ）比二％に増額すると決めた。これにより、企業にとっては収益率が向上することが見込める。いまこそ、産官学を挙げて防衛産業を盛り上げていくまたとない好機だ。

盛り上げていくには、武器輸出についてもさらに振興していく必要がある。もともと日本では、佐藤栄作内閣が決定した「武器輸出三原則」が極めて抑制的に解釈され、長らく武器輸出が事実上禁じられているに等しい。質の高い日本の製品を世界に輸出することは、経済、防衛、外交、技術、情報といった国力を構成する要素の観点から見ても非常に大きな意義を持つ。

実は「武器輸出三原則」に照らし合わせても、武器輸出そのものは違憲でも違法でもない。これは武器輸出を「禁止」したわけではなく、単に「慎む」としたものであるだけだからだ。また猟銃や弾薬といった民間向けの小型武器については世界各国に輸出を行っている。さらに二〇二三年十二月には「防衛装備移転三原則」及び「防衛装備移転三原則の運用指針」が改正され、輸出ルールが緩和された。課題はまだ山積しているが、これまで自ら勝手に閉ざしていた武器輸出の道が、大きく開かれたことは朗報だ。

そこで第四章では、安保三文書によって日本の防衛政策基盤の在り方がどう変わったのかを示したうえで、日本の武器輸出の未来を考えたい。

安保三文書と防衛白書から見る防衛生産基盤強化策

二〇二二年十二月十六日、「国家安全保障戦略」、「国家防衛戦略」、「防衛力整備計画」から成る安保関連三文書が閣議決定された。技術力、防衛力の物的基盤と言える防衛生産基盤の強化については、三文書の中でも一貫して重点の一つとして記述されている。

しかし、防衛産業をめぐる環境は改善されている面もみられるが、依然として厳しい。序章で述べた通り、防衛産業は、いわば防衛力そのものと言える。

これまでも、我が国の防衛生産・技術基盤を巡る課題は指摘されてきた。

同報告書によれば、財政面では、厳しさを増す財政事情の中、防衛関係費の大幅な増加を見込むことは困難であると二〇一二年時点では指摘されていた。

その点については、防衛生産・技術基盤協会が二〇一二年に出した『防衛生産・技術基盤研究会最終報告書──「生きた戦略」の構築に向けて──』第二章4でも以下のように指摘されている。

財政面では、厳しさを増す財政事情の中、防衛関係費の大幅な増加を見込むことは困難であると同年時点では指摘されていた。

この点については、二〇二七年にはＧＤＰの二パーセントにまで防衛力の抜本的強化とそれを補完するための予算額を増やすとの「国家防衛戦略」の決定により、今後緩和されると思われる。

マクロ経済面では、ものづくり産業の苦境が続く限り、民生事業に頼った形で防衛産業を経営することは困難であり、グローバル化が進む中、企業全体としても防衛産業としてもこれまで以上に国際競争力を付けていくことは必須であるとされている。

ものづくり産業の苦境は基本的には現在も変化がないが、近年は、中国経済の不調と円安による輸出増加など、日本の製造業を巡る環境が好転する傾向もみられる。

市場面では、防衛産業は規制によって縛られており、経済合理性に従った判断ができない環境に置かれていることが明らかであるため、企業努力には限界があり、他の先進諸国が採用している武器輸出振興政策を採ることは困難であるとされている。

規制が強すぎるという問題は、現在でも指摘されている。特に、艦艇などの調達方式において、随意契約が認められにくく一般競争入札が主であるため、安定した受注が保証されず思い切った先行投資がしにくい。また、企業の壁を超えた業界全体としての協力態勢が作れなくなり、業界の総力を挙げて最善の装備を製造することもできにくくなっている。更に、メーカーが異なると同じ型の艦艇でも機器の配置や操作などが異なり、現場での操作や訓練にも支障を来しているこの点について、二〇二三年に防衛生産基盤強化法が施行され、企業の努力を適正に評価する利益の在り方を盛り込んだ調達制度の改善もなされており、不合理な規制は緩和される方向にある。

武器輸出についても、武器輸出三原則が見直され、防衛装備移転三原則の運用指針が明示され、基本的には法的な規制は世界標準並みに緩和されている。武器輸出は防衛産業の成長性の確保にも有効とされ、大企業のみならず、部品等のサプライヤーとして参画する中小企業にも、武器輸出への途が拓かれた。今後は、武器輸出の販路拡大など、実務レベルでの武器輸出振興への官民を挙げた努力が求められる段階になっている。

技術面では、今後一層、高性能化・複雑化する防衛装備品を一国で開発・生産することはより困難となる見込みであり、重要な技術が含まれるライセンス生産については、従来のように認められない、又は、認められる割合が少なくなる傾向にあると指摘されている。

この点については、世界的な潮流であり、各国は国産化を進め、機微技術の流出や移転を抑制する方向に動いている。近年、装備の高性能化・複雑化はますます加速し、主要装備の国際共同開発は避けられないが、他国の独自技術とバーター出来る我が国独自の技術なしには、共同開発にも参画できなくなるという事情に変わりはない。その点でも、独自技術の開発はますます重要になっている。

このように二〇一二年頃に比較して、今では防衛関連予算の増額、武器輸出規制の緩和、評価制度の改革などの改善もみられるが、序章に記したように、今なお多くの課題を抱えている。

二〇二三年六月二十八日付けの防衛装備庁による経済産業省に対する「防衛産業の実態」に関する説明資料では、以下の諸課題が指摘されている。

すなわち、限られた需要、低い収益率、技術の陳腐化の速さ、特殊かつ高度な技能・設備が必要、膨大な数のサプライチェーン構成企業、調達契約による措置の限界などによる、潜在的なサプライチェーンリスク、サイバーセキュリティリスク、レピュテーションリスク、相次ぐ事業撤退などの、我が国防衛産業の特性に起因する諸課題がある。

さらにそれに加えて、以下の課題もある。①悪意あるソフトウェアが組み込まれた部品等により機能・性能に支障を来す懸念部品リスク、②製造設備の脆弱性や懸念ある者への業務委託により生産の停止や情報の窃取が生ずる懸念工程リスク、③外国の国内法令や輸出規制等により当該国で生産される素材や部品の供給が途絶する外国規制リスク、④投資を介した外国からの影響力行使による部品／役務の供給等が途絶する外国資金リスク、⑤サプライヤーの撤退や倒産により当該サプライヤーの生産する部品の供給が途絶する事業撤退リスク。

もともと、我が国の防衛産業は脆弱な体質を持っている。プライム企業を主体とする防衛装備品生産企業の防衛需要依存度は約四パーセント程度に過ぎず、大手防衛企業では、防衛需要依存率は十パーセント以下を中心に幅広く分布している。

他方、比較的小規模な企業の中には、防衛需要依存度が五〇パーセントを超える企業も存在している。他方で、装備品の高度化・複雑化により、調達単価・維持整備費は増加傾向にあるが、調達数量は減少している。

例えば、調達単価は、七四戦車では一両約三・九億円だったが一〇戦車では約一二・八億円と三・三倍になっている。その間に、戦車の調達数量は半減している。

このような現状と課題を抱え、防衛力の抜本的強化を行うには、我が国の防衛産業における装備品等の開発・

生産の基盤の維持・強化がますます重要になっている。

日本は明確に強化方針に転換した

安保三文書では、スタンド・オフ防衛能力、統合防空ミサイル防衛能力、無人アセット防衛能力、領域横断作戦能力、指揮統制・情報関連機能、機動展開能力・国民保護、持続性・強靭性という七つの分野にわたり、能力強化策が、その基本方針から具体的な保有すべき装備体系に至るまで一貫して詳述されている。

「国家安全保障戦略」においては、「我が国の防衛態勢の強化」策の要素として「いわば防衛力そのものとしての防衛生産・技術基盤の強化」が謳われている。

すなわち、「我が国の防衛生産・技術基盤は、自国での防衛装備品の研究開発・生産・調達の安定的な確保等のために不可欠な課題である。したがって、我が国の防衛生産・技術基盤は、いわば防衛力そのものと位置付けられるものであることから、その強化は不可欠である。具体的には、力強く持続可能な防衛産業を構築するために、事業の魅力化を含む各種取組を政府横断的に進めるとともに、官民の先端技術研究の成果の防衛装備品の研究開発等への積極的な活用、新たな防衛装備品の研究開発のための態勢の強化等を進める」と述べられている。

これを受けた、「国家防衛戦略」では、防衛生産・技術基盤は「防衛力そのもの」との位置づけを踏まえ、「新たな戦い方に必要な力強く持続可能な防衛産業の構築、種々なリスクへの対処、販路の拡大等に取り組んでいく。汎用品のサプライチェーン保護、民生先端技術の機微技術管理・情報保全等の政府全体の取組に関しては、防衛省が防衛目的上の措置を実施していくことに併せて、関係省庁の取組と連携していく」との方針が示されている。

1．防衛生産基盤の強化

「国家防衛戦略」の「防衛生産基盤の強化」では、我が国の防衛産業は、「国防を担うパートナーというべき重要な存在であり、高度な装備品を生産し、高い可動率を確保できる能力を維持・強化していく必要がある」とし、そのための施策として、以下が列挙されている。

①防衛産業において、防衛技術基盤の強化を通じた高度な技術力及び品質管理能力を確保

②装備品の生産・維持・整備、回収・能力向上等を確保

③サプライチェーン全体を含む基盤強化

④防衛産業のコスト管理や品質管理に関する取組を適正に評価、適正な利益を確保するための新たな利益率の算定方式を導入、事業の魅力化を図るとともに、既存のサプライチェーンの維持・強化と新規参入促進の推進

⑤装備品取得に際して、企業の予見可能性を図りつつ、国内基盤を維持・強化する観点を一層重視し、技術的・質的・時間的な向上を図るとともに、こうした措置を講じてもなお、他に手段がない場合、国自身が製造施設等を保有する形態の検討

⑥防衛産業のサプライチェーンリスクに対応するとともに、国際水準を踏まえたサイバーセキュリティを含む産業保全の強化、（軍事的価値の高い高度の秘密保持を要する）機微技術管理の強化

⑦同盟国・同志国等の防衛当局と、防衛産業に関するサプライチェーン保護、機微技術管理等の実施

「防衛力整備計画」では、「防衛生産基盤の強化」について、収益性が低く産業としての魅力が乏しいこと、サプライチェーン上のリスクやサイバー攻撃といったリスクがあると指摘したうえで、以下の諸施策を採ることとしている。

①各企業の防衛産業に対する品質管理、コスト管理、納期管理等を評価して企業のコストや利益を適正に算定する方式を導入、防衛産業を魅力化

②企画提案方式等、企業の予見可能性を図りつつ、国内基盤を維持・強化する観点をいっそう重視した装備品の取得方式を採用

③有償援助（FMS）調達する装備品についても、国内企業の参画するための取組を行うとともに、合理化・効率化に努める

④リスク対応等のため、製造等設備の高度化、サイバーセキュリティ強化、サプライチェーン強靭化、事業承継といった企業の取組に対し、適切な財政措置、金融支援等を実施

⑤サプライチェーンのリスクを把握するため、サプライチェーン調査を実施。新規参入を促進することでサプライチェーン強靭化と民生先端技術の取り込みを図る

⑥同盟国・同志国等の防衛当局と協力してサプライチェーンの相互補完を目指す

⑦サイバー攻撃を含む諸外国の情報活動等からの情報保護は、防衛生産及び国際装備・技術協力の前提であり、防衛産業サイバーセキュリティ基準の防衛産業における着実な実施、防衛産業保全マニュアルを策定・運用する

ための施策を講じるとともに、産業保全制度を強化。特許出願非公開制度等の経済安全保障施策と連携した機微技術管理を実施

2．防衛技術基盤の強化

「国家防衛戦略」では、「防衛技術基盤の強化」について、以下のように記述されている。

「防衛省・自衛隊においては、防衛関連産業から提案を受け、新しい戦い方に適用しうるかを踏まえた上で、当該企業が有する装備品特有の技術や社内研究成果、さらには、非防衛産業から取り込んで装備品に活用できる技術を早期装備化に繋げていくための取組を積極的に推進していくこととする。

①特に、政策的に緊急性・重要性が高い事業の実施に当たっては、研究開発リスクを許容しつつ、想定される成果を考慮した上で、一層早期の研究開発や実装化を実現

②試作品を部隊で運用しながら仕様を改善し、必要な装備品を部隊配備する取組強化

③我が国の防衛に資する装備品を取得する手段として、我が国主導の国際共同開発を推進するなど、同盟国・同志国との協力・連携を強化

④スタートアップ企業や国内の研究機関・学術界等の民生先端技術を積極活用するための枠組みを構築。総合的な防衛態勢強化のための府省横断的な仕組みを活用

⑤防衛装備庁の研究開発関連組織のスクラップ・アンド・ビルドにより、装備化に資するマルチユース先端技術を見出し、防衛イノベーションにつながる装備品を生み出すための新たな研究基金の創設

⑥政策・運用・技術の面から総合的に先端技術の活用を検討・推進する体制を拡充

⑦予見可能性を高める観点から、新しい戦い方を踏まえて、重視する技術分野や研究開発の見通しについて戦略的に発信

また「防衛力整備計画」では、「防衛技術基盤の強化」について、以下のようにその方針事項を示している。冒頭、早期装備化実現の必要性に言及したのち、「将来の戦い方を実現するための装備品を統合運用の観点から体系的に整理した統合装備体系」を踏まえ、「将来の戦い方に直結する、①スタンド・オフ防衛能力、②HGV（極超音速滑空体）等対処能力、③ドローン・スウォーム攻撃等対処能力、④無人アセット、⑤次期戦闘機に関する取組、⑥その他抑止力・対処力の強化の装備・技術分野に集中投資」の必要性を強調している。

さらに、「従来の装備品の能力向上等も含めた研究開発プロセスの効率化や新しい手法の導入により、研究開発に要する期間を短縮し早期装備化」するための施策について述べている。

具体的施策としては、「政策部門、運用部門、技術部門が一体となった体制で、将来の戦い方の検討と先端技術の活用に係る施策を推進する」との基本方針の下、以下の施策が列挙されている。

①我が国の科学技術力を結集する観点から、防衛省が重視する技術分野や研究開発の見通しを戦略的に発信し、企業等の予見可能性を高める。

②防衛イノベーションや画期的な装備品等を生み出す機能を抜本的に強化するため、防衛装備庁の研究開発関連組織のスクラップ・アンド・ビルドにより、二〇二四年度以降に新たな研究機関を防衛装備庁に創設、研究開発体制を充実・強化

③先端技術に対する取組を効果的に実施する観点から、国内の研究機関のほか、米国・オーストラリア・英国といった同盟国・同志国との技術協力を強力に推進

④開発段階から装備移転を見越した装備品の開発、自衛隊独自仕様の見直しを推進。装備品開発に当たっては、量産設備・維持整備段階のコスト低減を考慮。弾薬・車両等の従来技術について、その生産・技術基盤を維持

具体的な防衛生産・技術基盤強化策の取り組み

1．明確にされた軍事科学技術重視方針と「防衛生産基盤強化法」の成立

『令和六年版防衛白書』第Ⅳ部第一章第一節冒頭では、「近年、科学技術の急速な進展が、安全保障のあり方に根本的な変化をもたらしている。各国は、自国の技術的優越を確保するため研究開発を加速しており、とりわけ、将来の戦闘様相を一変させうる、いわゆるゲーム・チェンジャーと呼ばれる先端技術の獲得に注力している」とし、新領域を含めた軍事科学技術の革新が安全保障全般に与える重要性を指摘している。

さらに、「わが国においても、今や新しい戦い方に対応する優れた装備品等を早期に獲得することは急務である。その獲得は、わが国国内における技術的知見の蓄積や、高度な技能を有する人材の育成、特殊なニーズを満たす製造設備・施設の整備・維持などといった、長期にわたる不断の取組によりようやく実現することが可能となる」と、防衛生産・技術基盤の重要性を指摘している。

しかし、我が国の防衛生産・技術基盤は、前述したように、サプライチェーンリスクや相次ぐ撤退など課題が

山積みであり、厳しい状況に晒され、さまざまの問題を抱えている。

こうした状況を踏まえ、「国家防衛戦略」において明記された、「防衛生産・技術基盤は、自国での装備品の研究開発・生産・調達を安定的に確保し、新しい戦い方に必要な先端技術を防衛装備品に取り込むために不可欠な基盤であることから、いわば防衛力そのものとの位置づけ」を踏まえ、「その強化に取り組んでいくこととしている」と、防衛装備品の研究開発・生産・調達の安定的確保への決意を表明している。

この点は、人的基盤強化策について、従来施策の延長に止まっているのとは対照的に、防衛予算対GDP比率倍増、安保三文書において、防衛生産・技術基盤の強化がいかに重視されているかの表れと言える。

この強化方針を受け、『平成六年版防衛白書』の「第Ⅳ部第一章第1節　防衛生産基盤の強化」では、二〇二三年に「防衛生産基盤強化法」が制定され、その基本方針が定められたことを述べている。

同法では、「基盤の維持・強化に関する主な方向性」として、国内に生産基盤を維持・強化することの重要性、他方で、国際競争が激化するなか国際協力を推進する必要性とその条件、防衛依存度の高い企業を主体とした再編などの防衛産業構造の見直し、装備品等の安定的な製造を確保するための国と事業者の役割について述べている。

また、同法に基づく措置として、特定取組（サプライチェーン強靱化、製造工程効率化、サイバーセキュリティ強化、事業承継など）、装備移転の円滑化・指定装備移転支援法人、装備品等秘密の保全、防衛大臣による装備品製造施設等の取得などの対策について詳述している。

その背景には、法律は施行されても、それを実効あるものにするための具体的な措置を明確にしなければ、防衛産業基盤の強化にはつながらないとの問題意識があるものとみられる。防衛生産基盤強化法の制定により、予算措置や人員の確保策と相まって、今後の防衛力強化が齎されることが期待される。

また、防衛生産基盤強化法以外の主な取組として、以下の取組が列記されている。

①原価計算方式の価格算定における企業努力の評価と適正な利益算定、調達制度の効率化などの防衛事業の魅力化

②防衛産業参入促進展の開催、防衛産業へのスタートアップ活用に向けた合同推進会、インダストリーデーの実施などの防衛産業の活性化

③日米間の「防衛装備品等の供給の安定化に係る取決め」（SoSA：Security of Supply Arrangement）署名など装備品等の強靱で多様化されたサプライチェーン構築

④防衛産業の秘密保全制度の一覧性を高めるため防衛省と契約した企業が守るべき事項を分かりやすく整理した防衛産業保全マニュアルの公表、防衛産業サイバーセキュリティ基準に基づく防衛関連企業の保有する情報システムの改修などの防衛産業保全の強化

⑤技術的機微性評価の実施、リバースエンジニアリング対策の推進、特許出願の非公開制度・対内直接投資などについての関係府省庁との連携・協力、防衛技術専門家の観点からの先端技術の分析と重要技術の特定・把握、同盟国などと技術分析の連携推進など、機微技術の保護

⑥主要プライム企業との意見交換、全国巡回説明会の開催などの情報発信

2．経済安全保障セキュリティ・クリアランス制度整備の意義と今後の課題

『令和六年版防衛白書』の掲げるリスク対策はいずれも重要であるが、中でも重要な問題は、「防衛産業保全の強化」と「機微技術の保護」である。

今後は先端技術分野特に機微技術の優劣が防衛装備品の優劣を決定することになり、平時からのサイバー攻撃、諜報活動、影響力の浸透などによる、機微技術の窃取、提供強要、買取などの各種の重要情報獲得の試みが官民を問わず増加するであろう。

前記白書でも強調されているように、「防衛産業保全の強化」策として、「防衛産業サイバーセキュリティ基準」が整備され、二〇二三年四月から適用が開始されたことにより、防衛産業保全が国際標準並みの体制になったと言える。

また、我が国としての「産業保全の強化」「機微技術・知的財産の強化」策として、二〇二四年五月十日『重要経済安全情報の保護及び活用に関する法律』が成立し、我が国でも、セキュリティ・クリアランス制度が適用されるようになったのは大きな前進である。

「セキュリティ・クリアランス制度」とは、「国家における情報保全措置」の一環であり、主要国では制度整備がなされている。「政府が保有する安全保障に関する重要情報」を指定することを前提に、「当該情報にアクセスする必要がある者」に対して政府が「調査」を実施し、「信頼性の確認（適正評価）」を行って、情報を漏らすおそれがないと認められた者が、当該の重要情報を取り扱うという制度である。

厳格な情報管理や提供のルールを定め、当該情報の漏洩や不正取得をした場合には罰則を科すのが通例である。

併せて、民間事業者に対して政府から重要情報が提供される場合には、「情報保護のため必要な施設整備を行うなど、政府との契約で定めたことを守っていただく必要がある」(高市早苗『国家国民を守る黄金律　日本の経済安全保障』飛鳥新社、二〇二四年、二一六頁)。

このように、政府が指定する安全保障に関する重要情報を扱う必要がある者の信頼性の確認が法的に義務付けられ、かつその対象が民間企業も含め拡大されたことにより、我が国の政府も民間企業も国際標準のセキュリティ・クリアランスが保障されることになる。

これまでも、二〇一三年に成立した特定秘密保護法があり、同法成立に伴い、「日本の情報保全制度に対する信頼性が高まり、同盟国や同志国とのあいだで、機微に触れる情報の共有が格段に円滑になった」と評価されている。

しかし特定秘密保護法では、政府が特定秘密として指定できる情報の範囲が、「防衛」「外交」「特定有害活動(スパイ活動等)の防止」「テロリズム防止」の四分野に関する一定の要件を満たす事項に限られている。経済安全保障に関する情報については、必ずしも明示的に保全の対象にはなってなかった。

「セキュリティ・クリアランスをもって保護する情報」は、基本的に「漏洩すれば安全保障に支障を及ぼすような重要情報」であり、英語ではCI：Confidential Information)といわれるものだ(前掲書、二一八頁)。

CIレベルの重要情報が保護されることになれば、我が国の情報保全体制も一応、国際レベルに達したと評価できる。これまでは、他国の信頼を得られず制限されてきた、外国の政府や企業の有する軍民両用の機微技術などの秘密指定された情報を扱う共同研究開発などが、ようやく可能になったと言えよう。

対外的には、敵性国に日本の重要情報の流出、窃取を未然に防止できる体制がとれることになる。国内的にも、民間企業の保有する情報も含め、機微な両用技術が保護されることになり、防衛生産・技術基盤拡大強化が大幅に促進されることになるであろう。

以上の点は、大きな前進だが、本来ならば、世界各国では当然とされている、国民全体を対象とするスパイ防止法が制定され、抜け穴の無い、厳罰を伴う抑止効果のある防諜体制が構築されねばならない。

一般国民を対象とするスパイ防止法を整備するのは、一般国民を守るためである。

スパイ防止法が整備されなければ、一般国民を外国の不当不正な各種工作や拉致・拘束から守ることができない。そのことは、北朝鮮による拉致事件、スパイ工作などの事案でも明らかである。日本国内への外国のスパイ組織、各種工作機関の浸透を抑止し、未然に摘発し排除するには、スパイ防止法の制定が不可欠である。

また、官民一体となった防衛基盤強化のためには、大学・研究機関も含めた防諜体制を可能にする法制整備が必要である。特に、日本学術会議は、いまだに日本弱体化を目的とした占領政策を墨守し、日本防衛のための軍事研究を拒否しながら、他方では、「学問の自由」の名のもと敵性国の研究生・留学生には最先端技術へのアクセスを黙認している。

このような、我が国の国益特に安全保障に深刻な打撃をもたらす、利敵行為に等しい行為を黙認する日本学術会議の体制は、早急に改められなければならない。

我が国の官民一体となった防衛生産・技術基盤強化のためには、今後さらに、国際標準並みの防諜法が制定されねばならないが、そのためには、国民全体としての、防諜、対諜報に対する意識の高揚が何よりも求められる。

3．防衛産業生産基盤育成策の意義と課題

防衛生産基盤強化策についても、企業側のリスクを政府が担保する、英国の「長期契約法」に準ずる「長期契約法」が、日本でも成立した。

同法は、「防衛力の計画的な整備のため、財政法上5か年度とされている国庫債務負担行為により支出すべき年限の上限を、特定防衛調達に係る国庫債務負担行為については、10か年度とする特例を定める」ものであり、二〇二四年二月九日の閣議において決定された。その後の記者会見で、木原稔防衛大臣は、「現下の厳しい財政状況の下で防衛力の計画的な整備を引き続き実施していくため、本法案では、この特例を恒久化する」と発言している。

この長期契約法により、長期的に調達のかけられた装備品が、現実には必要がなくなったり、技術進歩などで旧式化するなどのリスクもある。長期契約法は、このようなリスクを国がとり、敢えて見通しの難しい長期契約を行おうとする制度である。

逆に、受注企業側は、長期の安定した受注が見込めるため、思い切った設備投資、研究開発投資、人材の育成などを行うことができるようになる。その結果、安定した防衛生産・技術基盤が長期的には育成される。

半面、特定企業に長期にわたり防衛装備品が発注され、競争原理が働きにくくなり、非効率や癒着が生ずるおそれもある。この点は、監査制度の強化やコスト管理、納品検査の厳格化などの施策により対応すべきものと思われる。

なぜなら、防衛生産・技術基盤育成の必要性は待ったなしであり、その基盤強化なしには、目標年度内の所要

の防衛装備品の研究開発・生産を完了できないためである。

また、官主導で事業を拡大するための施策として、緊急時、有事などに、特定の防衛装備品の製造を義務付ける、米国の「国防生産法」に準じた日本版の国防生産法を制定しようとする動きもある。

日本では「経済安全保障推進法」を活用し、同法に基づき政府が指定する特定重要物質に弾薬を指定することも可能になった。

いずれにしても政府主導の対策が不可欠となる。官主導で、例えば、サプライチェーンの集約化、製造設備を包括した半官半民の国内弾薬製造拠点・施設の新設なども可能である。

その際に問題となるのは、どこに政府として重点投資するのか、特殊な技能や経験を必要とする防衛生産・研究開発のための人材をどのようにして育成・確保し維持するのか、省人化・自動化をどのように、どの程度まで進めるのかといった点である。

特に省人化・自動化については、大規模な設備投資が必要になるが、それに見合った受注と収益が将来も安定的に保証できるのか、保証できないなら、そのリスクを誰がどのように負担するのかという問題がある。

いかに防衛生産・技術基盤を安定的に確保するかという問題は、今後とも重大な問題である。その対応策の一つとして、韓国などが行っている、ある国から装備を輸入する場合に、一定割合の自国装備の輸入を義務付けるというオフセット輸出という方法もある。

オフセット取引というのは、一般的には、装備品を輸入する国がその見返りとなる付帯条件を輸出国に提示することを意味し、必ずしも武器輸入の条件として、自国製武器の輸入を義務付けることを意味しない。

しかし、武器の輸出入にオフセット取引を適用し、相手国から武器輸入をすれば、自ずと自国の武器装備品が一定割合で確実に相手国に輸出されることになり、国内の防衛生産基盤の強化と武器輸出の販路拡大につながることになる。

また他国との共同研究開発などを推進することにより、装備品、部品等の他国との共通化を進めるという方法もある。自国内でも、軍種を超えた共通化、両用品の民生用品との共通化もある。これらにより、より安定した大量の受注が見込めることになる。

4. 防衛装備品の輸出振興

武器輸出は、佐藤内閣の武器輸出三原則とそれを受けて、武器輸出を「原則として慎む」と解釈し、事実上全面禁輸にした三木内閣以降、長らくタブー視されてきた。しかし、安保三文書では、明確に「防衛装備品・技術の移転」について、振興する方向を打ち出している。

(1) 指定装備移転支援法人に基金の設立

その方針を受けて『令和六年版防衛白書』では、「防衛装備移転の推進のための取組」について以下のように記述している。

「防衛装備移転に際しては、わが国の防衛分野における技術面での諸外国に対する優位性が失われることを防ぐため、わが国の装備品等に用いられている先進的な技術にかかる情報を保全するなど、安全保障上の観点から適切な仕様・性能の変更・調整を装備品製造等事業者に実施させる必要がある。

このような問題意識から装備移転を安全保障上適切なものとするための取組を促進することを目的とし、防衛生産基盤強化法に基づき、防衛大臣が二〇二四年二月十六日に指定した指定装備移転支援法人に基金を設け、防衛大臣の求めにより相手国との防衛協力の内容に応じ装備品製造等事業者が行う装備移転仕様等調整に要する費用を基金から助成すること」としている。

なお、「同法人に対して、基金を造成するため、二〇二三年度四〇〇億円、二〇二四年度四〇〇億円を交付した」ことも付記されている。

(2) 輸入装備品の維持整備などへの我が国防衛産業のさらなる参画

FMS (Foreign Military Sales)（有償援助）で調達する装備品を含む輸入調達品については、国内企業による維持整備の追求や、能力の高い装備品について、米国などとの国際共同研究・開発をより一層推進していくこととしている。

防衛産業の販路拡大は長期にわたる武器輸出の事実上の禁輸措置により、途絶えており、その復活や開拓は容易ではない。販売に当たる相応の人材の育成、輸出相手国での人脈の開拓なども必要であり、長年の取引の積み重ねによる信用を得なければ、容易に成約には結びつかない。

特に、武器輸出は各国ともしのぎを削っている重点分野でもある。そのために各国は軍・政財官界を挙げて武器輸出振興に努めている。そこに日本が入り、戦場での使用実績のない装備品などを売り込み、割って入り市場を獲得するのは容易なことではない。日本も、他国と同様に、防衛産業、防衛省だけではなく、関係官庁、政財界も挙げた努力をしなければ、防衛用装備品の販路拡大にはつながらないであろう。

　販路拡大に当たる企業側としては、どこまでが防衛用装備品であり、どの範囲の装備品まで輸出が許されるのか、どの国、どのような相手先企業なら輸出が認可されるのかなど、販路拡大に当たる企業側の抱える不安やリスクも大きい。

　そのような不安やリスクを減じ防衛用装備品の移転を振興するためには、これらの疑問や不安に応える準拠となる、関係細部法令、マニュアル等を整備し、ノウハウの蓄積も含めた具体的な販路拡大策を教育・普及し、現場での販売に当たる人材の育成、販売活動の実践を支援できる体制をとる必要があるであろう。

　前記の指定装備移転支援法人に対する基金の設立も、そのための措置と言える。

⑶　ＦＭＳ調達合理化に向けた取組の推進

　ＦＭＳは、「米国の武器輸出管理法などのもと、米国の安全保障政策の一環として同盟諸国などに対して装備品を有償で提供するもの」である。ＦＭＳには、①価格が見積りである、②前払いが原則であり履行後に精算される、③納期が予定であるなどの特徴があるが、我が国の防衛力を強化するために非常に重要なものであり、一定の意義はある。

　しかしながら、ＦＭＳについては、「納入遅延や精算遅延などの様々な課題があることは事実」である。『令和五年版防衛白書』によれば、以下の施策がとられている。

納入遅延や生産遅延の問題を解決するため、「近年ＦＭＳ調達額が高水準で推移している中で、日米が協力して改善に努めており、二〇一六年以降、防衛装備庁と米国防安全保障協力庁との間でＦＭＳ調達をめぐる諸課題について協議を行う会議（ＳＣＣＭ(Security Cooperation Consultative Meeting)：安全保障協力協議会合）を七回開催している。

二〇二三年一月の第七回会議においては、今後ＦＭＳ調達が増加する中、未納入・未精算に関し日米間での履行管理の強化を継続するとともに、未納入・未精算の縮減への取組や価格の透明性の向上に向けた取組を推進していくことを確認した。

さらに、二〇二三年四月に防衛装備庁と米国防省との間で、防衛装備品などにかかる品質管理業務を相互に無償で提供し合う枠組みを締結した。本枠組みにより、ＦＭＳ調達にかかる品質管理費用が減免され、ＦＭＳ調達額の縮減及び同盟国である米国との調達分野における協力関係の向上につながり、ＦＭＳ調達の合理化を推進している」と、合理化推進の実績を強調している。

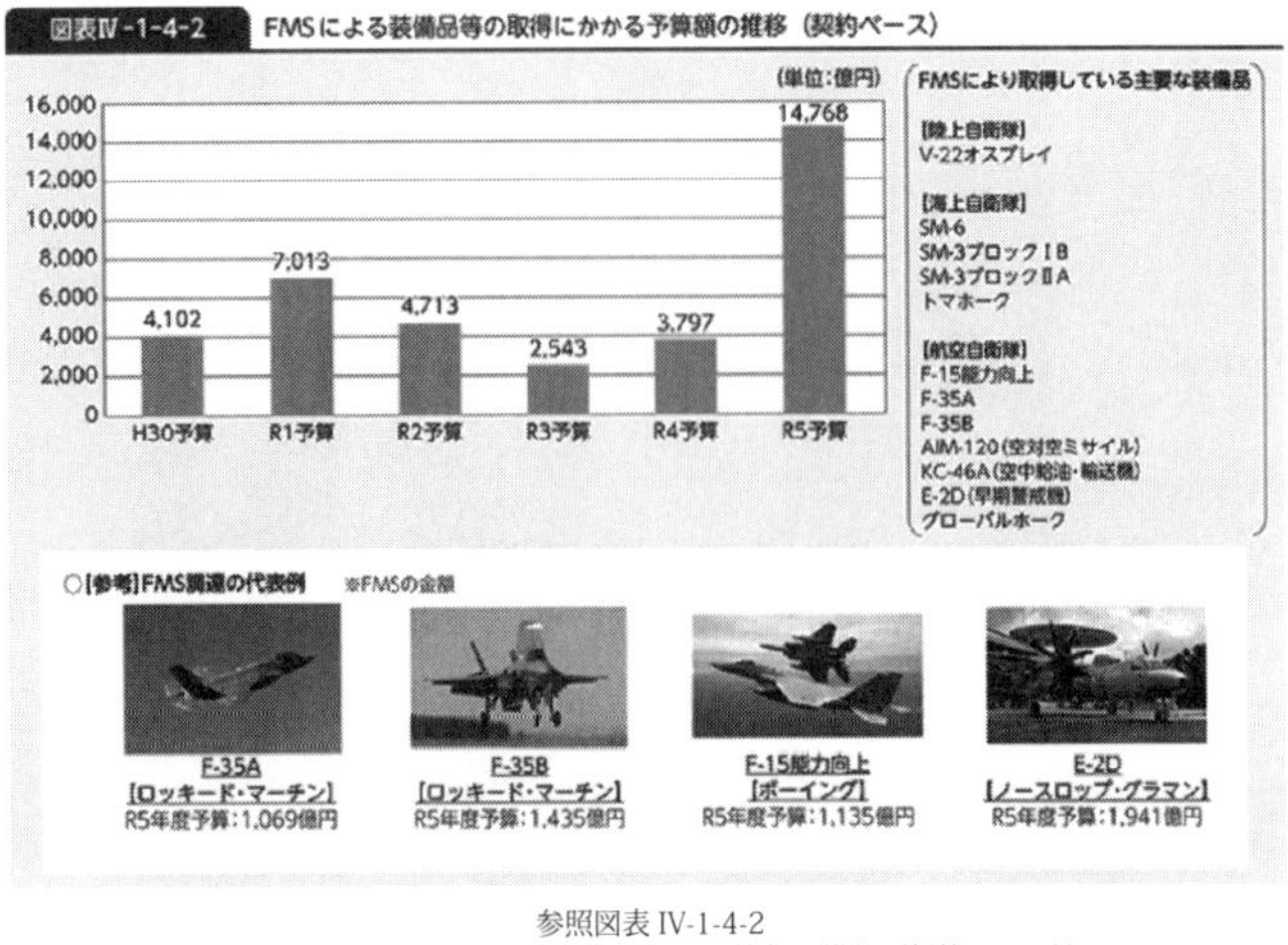

図表Ⅳ-1-4-2　FMSによる装備品等の取得にかかる予算額の推移（契約ベース）

（単位：億円）

	H30予算	R1予算	R2予算	R3予算	R4予算	R5予算
予算額	4,102	7,013	4,713	2,543	3,797	14,768

FMSにより取得している主要な装備品

【陸上自衛隊】
V-22オスプレイ

【海上自衛隊】
SM-6
SM-3ブロックⅠB
SM-3ブロックⅡA
トマホーク

【航空自衛隊】
F-15能力向上
F-35A
F-35B
AIM-120（空対空ミサイル）
KC-46A（空中給油・輸送機）
E-2D（早期警戒機）
グローバルホーク

○【参考】FMS調達の代表例　※FMSの金額

F-35A【ロッキード・マーチン】R5年度予算：1,069億円
F-35B【ロッキード・マーチン】R5年度予算：1,435億円
F-15能力向上【ボーイング】R5年度予算：1,135億円
E-2D【ノースロップ・グラマン】R5年度予算：1,941億円

参照図表Ⅳ-1-4-2
（FMSによる装備品等の取得にかかる予算額の推移（契約ベース））

ＦＭＳ関連予算額は、参照図表に示されているように、二〇二三年から従来の四千億円前後から一挙に約一兆五千億円に急増している。今後防衛予算総額、装備調達予算が増額されるに伴い、国産化が遅れＦＭＳへの依存度も強まることになれば、日本の防衛予算は伸びても、その多くが米国の軍需産業に流れ、国内防衛産業の生産・基盤の強化につながらないおそれもある。当面、国内で生産や調達の困難な装備品を必要量確保するためのつなぎの施策としてＦＭＳの増額は止むをえないにしても、国内防衛産業基盤を育成し、できる限り早期に装備品生産の国産化を推進しなければならない。

外国からの輸入に防衛装備を依存していては、緊急時や有事に必要な防衛装備、弾薬などを確保できる保障は無くなる。これに対応するには、備蓄を積み増すとともに、国内防衛産業基盤の緊急増産能力を確保しておかねばならない。

この点は、ウクライナ戦争でも、武器・弾薬などを概ね国内で生産・調達できるロシア側が、国内生産基盤の乏しいウクライナ軍を圧倒していることでも明らかである。なお、ロシア軍は、ＮＡＴＯ側が見積もったロシア軍の備蓄量の約三倍、緊急増産能力の約倍の能力をもっており、先端半導体なども大量に輸入し備蓄していたことが、ウクライナ戦争開戦後明らかになっている。ロシアが経済制裁にもかかわらず、戦時下で大量の兵器・ミサイルはじめ弾薬などを調達できたのは、そのような平時からの準備態勢が周到にとられていた成果と言える。

他方のウクライナは、ＮＡＴＯの支援に依存し、国内の生産基盤が未成熟で、その上開戦当初のミサイル攻撃、爆撃などにより、国内の生産基盤、生産施設、補給拠点などを破壊されたこともあり、国内調達はほとんど不可能になった。

この点が、継戦能力の差となり、開戦二年目二〇二三年六月からの攻勢失敗の大きな原因となった。ロシア軍は、堅固な陣地帯を構築し、ウクライナ軍の七倍から十倍と言われる圧倒的精密誘導火力により、NATO装備で固めたウクライナ軍部隊を遠距離から撃破し、二〇二四年十月現在約六十万人とも見積もられている甚大な損害をウクライナ軍に与え、その攻撃を破砕することにほぼ成功した。

すべて国産化は困難でも、枢要な装備品、弾薬などは国産化を進め、それでも確保できない場合は、必要量を平時から輸入し備蓄するなどの対策が必要である。

先端防衛技術の大半が軍民両用技術であり、民間産業に人的・技術的基盤があり、日進月歩の進化を遂げており、民間でなければその激しい変化に柔軟に適応していくことができない。従来の予算制度や法制の枠組みに縛られる官側の仕組みでは、効果的な対応が困難である。

そのような意味で、米国では省庁の枠を超えた関係省庁・地方政府・関係の公的機関、さらには国を挙げた取組（Whole-of-Government Approach/Whole-of-Nation Approach）が強調され、中国では「軍民融合」が強調されている。特に中国人民解放軍内には、軍改革に伴い、宇宙・サイバー・電磁波・情報・認知などの新領域を統括する「戦略支援部隊」が創設されており、その要員の約半数はシビリアンとも言われている。

中国の主な国防産業については、国務院機構である工業・情報化部の国防科学技術工業局の隷下に、核兵器、ミサイル・ロケット、航空機、艦艇、情報システムなどの装備を開発、生産する十二個の集団公司により構成されてきた。中国は二〇二一年において、世界で五番目の武器の供給者であるとされている。

二〇一八年には中国核工業集団公司と中国核工業建設集団公司が再編され、二〇一九年には中国船舶工業集団公司と中国船舶重工業集団公司が合併し、現在は合併後の中国船舶集団公司を含む十社で構成されている。

中国は自国で生産できない高性能の装備や部品をロシアなど外国から輸入しているが、軍近代化のため装備の国産化をはじめとする国防産業部門の強化を重視していると考えられる。自国での研究開発に加えて対外直接投資などによる技術獲得に意欲的に取り組んでいるほか、機密情報の窃取といった不法手段による取得も指摘されている。国防産業部門の動向は軍の近代化に直結することから、重大な関心をもって注視する必要がある。

中国の軍民融合政策は技術分野において顕著であり、中国は、軍用技術を国民経済建設に役立てつつ、民生技術を国防建設に吸収するという双方向の技術交流を促すとともに、軍民両用の分野を通じて外国の技術を吸収することにも関心を有しているとみられる。

技術分野における軍民融合は、特に、海洋、宇宙、サイバー、人工知能（ＡＩ）といった中国にとっての「新興領域」とされる分野における取組を重視しているとされる。米国防省は、軍民融合には、⑴中国の国防産業基盤と民生技術・産業基盤との融合、⑵軍事・民生セクターを横断した科学技術イノベーションの統合・利用、⑶人材育成及び軍民の専門性・知識の混合、⑷軍事要件の民生インフラへの組み込みや民生構築物の軍事目的への利用、⑸民生のサービス・兵站能力の軍事目的への利用、⑹競争及び戦争での使用を目的とした社会・経済の全ての関連する諸側面を含む形での中国の国防動員システムの拡大・深化、の六つの相互に関連した取組が含まれている。

また、近年は、生産段階から徴用を念頭に置いた民生品の標準化が軍民融合政策の一環として推進されているとされる。こうした取組により、軍による一層効果的な民間資源の徴用が可能となることなどが見込まれる。

近年、国防費の伸び率が鈍化しつつある中、国防建設と経済建設の両立が一層求められる中国にとって、軍民融合政策は今後ますます重要になってくると考えられる。また、前述の中国が提唱する「智能化戦争」を実現するためには、将来の戦闘様相を一変させる技術、いわゆるゲーム・チェンジャー技術を含む民生先端技術の獲得が鍵となる。中国は、そのための不可欠な手段として軍民融合を捉えているとみられることから、中国の軍民融合政策については、「智能化戦争」との関係を含め、引き続き重大な関心をもって注視していく必要があると述べている。

中国のこのような国家を挙げた軍事産業基盤育成策に対応していくためには、我が国の防衛産業基盤についても、早急に強化を図らなければならないことは明らかである。

期待される防衛技術基盤強化策

『令和六年版防衛白書』では、将来の戦闘様相を一変させるゲーム・チェンジャーはじめ、軍民両用の先端装備の研究開発を巡り国際競争が激化するなかでの防衛技術基盤強化の重要性について強調し、特に、近年我が国の防衛技術研究開発予算が増額されている実績に言及している。また調達や国際共同開発において主導権を握るためにも、技術基盤強化は重要であり、官民一体の研究開発促進が必要であるとしている。

「先端技術研究とその成果の安全保障目的の活用などについて、主要国が競争を激化させるなかで、各国において将来の戦闘様相を一変させる、いわゆるゲーム・チェンジャーとなりうる技術の早期実用化に向けて多額の研

図表Ⅳ-1-2-1　研究開発費の現状

2024年5月現在

主要国の国防研究開発費の推移

(億円)

米国　日本　ドイツ
英国　フランス　イタリア
韓国　オーストラリア

出典：「OECD:Main Science and Technology Indicators」

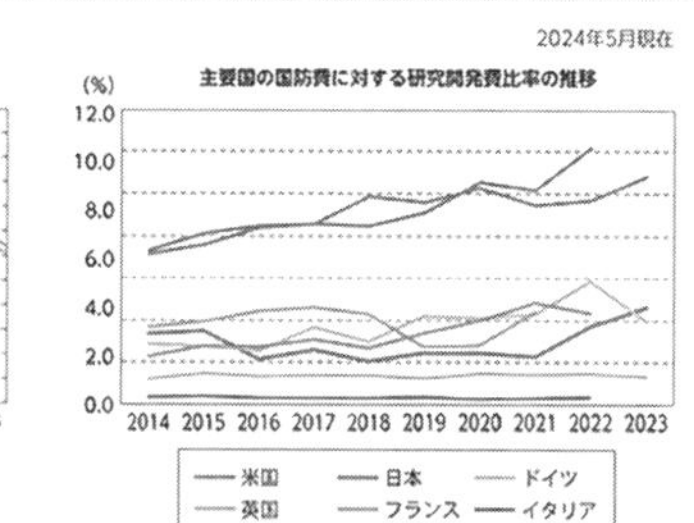

米国　日本　ドイツ
英国　フランス　イタリア
韓国　オーストラリア

出典：「OECD:Main Science and Technology Indicators」
「SIPRI Military Expenditure Database ©SIPRI 2024」

（注）1　各国の国防研究開発費は「OECD:Main Science and Technology Indicators」に掲載された各国の研究開発費および国防関係予算比率から算出。ただし中国については記載されていない。
2　数値はOECDの統計によるもので、国により定義が異なる場合があり、このデータのみをもって各国比較する場合には留意が必要。
3　2024年5月15日時点で2023年のデータが確認できた日本、アメリカ、ドイツ、オーストラリアについては、2023年まで記載。

究開発費を投じるなど、安全保障目的での技術基盤の強化に注力している。

防衛省の研究開発費は、米国などと比べれば低いものの、近年その重要性から大幅に伸ばしているところである。一方、民生用の技術と安全保障用の技術の区別は、実際には極めて困難となっているなか、官民における科学技術の研究開発の成果を、装備品の研究開発などに積極的に活用していくことで、国家としての技術的優越の確保に戦略的に取り組んでいくことが重要である。

そのため、我が国として重視すべき技術分野について国内における研究開発をさらに推進し、技術基盤を育成・強化する必要がある。

また、装備品調達や国際共同開発などの防衛装備・技術協力を行うにあたっては、重要な最先端技術などを保有することにより、主導的な立場を確保することが重要である。また、開発後の調達や装備移転の可能性も踏まえ、費用を抑える観点も重要となる。このため、防衛省における研究開発のみならず、官民一体となって研究開発を推進する必要がある」

図表に示されているように、我が国の研究開発費の総額は二千億円を超え、防衛費に占める割合も四・〇パーセントと二〇二一年以降増加しており、英独仏並みになっている。

防衛技術基盤の強化の方針を具体化し、各種の取組を防衛省として一体的かつ強力に推進する際の指針となるものとして、防衛省は、二〇二三年六月、『防衛技術指針二〇二三』を策定した。指針を対外的に発信することで、企業などの予見可能性を高めるとともに、防衛技術基盤の強化についての共通認識を醸成し、技術的な連携を強力に進める基盤の構築も目指すとしている。

同防衛技術指針では、科学技術・イノベーション力をスピンオンし、安全保障目的、防衛目的で最大限に活用するとともに、防衛省の研究開発の成果をスピンオフして社会に還元し、防衛省の研究開発でもこれまでと異なる新たなアプローチ、手法を取っていく必要があるとの課題を掲げている。

指針の目指す将来像は、自国を自らの力で守り抜ける防衛力を持つため、「将来にわたり、技術でわが国を守り抜くこと」にある。そのためのアプローチには、「わが国を守り抜くために必要な機能・装備の早期創製」と「技術的優越の確保と先進的な能力の実現」の二つの柱があるとしている。

すなわち、自らの力で自国を守る力の源泉である防衛技術を、官民一体となり軍民両面から研究開発を進め、努めて早期に装備化を図るとともに先端技術力の優越を実現するというのが、指針の基本的方向と言えよう。

そのための具体的な手法は、「創る」、「育てる」、「知る」の三つの側面から、以下の具体的諸施策が提唱されている。

「創る」という面では、①必要な機能・装備を迅速に実装し、運用現場で実証し、その結果や教訓事項をさらなる改善に反映していくこと、②早期装備化を指向した研究開発手法も積極的に取り込みながら迅速かつ柔軟に機能・装備を提供すること。③オープンイノベーション、④防衛装備庁の研究所、試験場と企業とが目標を共有し企業の予見可能性を高めること、⑤基盤装備技術を継続的に維持・強化するための投資、⑥スタートアップ企業など多様な企業が事業参加できる仕組みづくりとそれら企業との技術のインテグレート、⑦民生では育ちにくい技術や基礎技術に力点をおいた安全保障技術研究推進制度、⑧人材育成のさらなる強化、経験者採用の拡大。

「育てる」という面では、①新たに育てていくべき技術を見出し新たなアプローチも積極的に取り、チャレンジングな研究も推奨し、予期しない技術的リスクを許容できる研究開発の仕組みも創る、②防衛省外にある科学技術を防衛分野で積極的に活用するため、防衛省のニーズや取組の方向性を具体的に発信し、防衛省事業に参画しやすい環境を創り、③新たなパートナーの開拓や、研究者同士のネットワーク構築、拡大を進める、④企業などの努力が報われ、ビジネスがおのずと育つ仕組みの構築、⑤防衛分野と防衛とは関係なかった分野を掛け合わせ、これまでとは違う発想で技術的なソリューションを育成。⑥我が国と海外の科学技術・イノベーション力を最大限に活用、⑦様々な研究開発を防衛省で進め、安全保障技術研究推進制度を通して、目的指向の基礎研究を実施する人材を拡大するとともに、多様な研究者の確保、新たな研究分野の開拓、新規研究分野における人的つながりの構築、強化などを進め、科学技術・イノベーション力の裾野を広げていく。

「知る」という面では、①国内外の民生分野の技術動向や、我が国のスタートアップを含む企業などの状況、研究機関、大学などが持つ先端技術、革新技術や、研究開発プロジェクトとその成果を知り、科学技術の最新状況を正確に把握したうえで、防衛省がこれから何をしていくべきかを検討、②様々な科学技術が、戦いの現場で使われ始めているなかで、科学技術が今どう使われているのか、新たに生まれる科学技術が、今後どう使われうるのか、その結果、安全保障環境や防衛にどういった変化を及ぼすのかなどを正確かつ迅速に把握し、防衛省として必要な対策を講ずる。③防衛省が、技術に関して何を、どのような目的で行っているのか、それらが国を守るという観点でどのような効果があるのかなどを、積極的に省外に発信していく。④防衛省の研究開発事業の計画や将来の見通しを可能な限り省外とも共有し、省外関係者の予見可能性を向上させる。

以上の具体策は、これまでの延長ではなく、意欲的で大胆な具体的施策について、段階的に整理・要約したものであり、実効性が期待される。特に、防衛省の枠を超えた、発想、人脈、手法、これまで防衛関係とは関係の薄かったスタートアップやイノベーションの先端分野の人材・企業も含めた幅広い他官庁・民間・国際的な協力強化も含めた、幅広い視野に立つ提言であり、評価できる。

防衛研究開発予算の増額、他官庁・官民の協力体制の整備などを追い風とし、次期戦闘機の国際共同開発、民生先端技術を活かしたレールガンその他の最先端兵器の開発など、今後の成果に期待したい。

武器輸出・防衛装備移転の促進を目指せ

1．武器輸出の事実上の禁輸に至る経緯とその後の一部緩和措置

一九六七年、佐藤栄作内閣総理大臣は答弁の中で、共産圏諸国及び紛争当事国などへの輸出禁止を確認した。ただし、佐藤首相は、「武器輸出を目的には製造しないが、輸出貿易管理令の運用上差し支えない範囲においては輸出することができる」と答弁しており、武器輸出を禁止したものではなかった。また、これら三項目の武

器輸出禁止項目は当時の西側諸国では一般的なもので、ことさらに武器輸出禁止を強調した内容とは言えない。

しかしその後、一九七六年二月二七日に行われた、三木武夫内閣総理大臣の衆議院予算委員会における二日前の公明党の正木良勝議員の質問に対する答弁において、「武器輸出に関する政府統一見解」として、佐藤首相の三原則の厳重な履行を約したほか、いくつかの項目が加えられた。

すなわち、「武器」の輸出については、平和国家としての我が国の立場から、それによって国際紛争を助長することを回避するため、政府としては、従来から慎重に対処しており、今後とも、次の方針により処理するものとし、その輸出を促進することはしない。
○三原則対象地域については「武器」の輸出を認めない。
○三原則対象地域以外の地域については、憲法及び外国為替及び外国貿易管理法の精神にのっとり、「武器」の輸出を慎むものとする。
○武器製造関連設備の輸出については、「武器」に準じて取り扱うものとする
なお、武器輸出三原則における「武器」については、次のように定義された。
○軍隊が使用するものであって直接戦闘の用に供されるもの
○本来的に、火器等を搭載し、そのもの自体が直接人の殺傷又は武力闘争の手段として物の破壊を目的として
行動する護衛艦、戦闘機、戦車のようなもの
厳密には、佐藤総理大臣が表明した武器輸出三原則に、三木内閣の政府統一見解を合わせて「武器輸出三原則等」と言うが、本書では、以下三木内閣の政府統一見解も、「武器輸出三原則」と呼称する。

三木首相は答弁の中で、「武器輸出を慎む」と表現した。ただしこの表現も、「武器輸出の禁止」または「一切しない」という表現ではなかった。しかしのちに田中六助通信大臣は「原則としてだめだということ」と答弁している。

このような経過をたどり、日本が他の地域への武器輸出は「慎む」ようになってからは、原則として武器および武器製造技術、武器への転用可能な物品の輸出が禁じられていた。

その後は、部分的な緩和措置が段階的に進められている。

一九八三年に発せられた中曽根内閣の後藤田官房長官による「対米武器技術供与についての内閣官房長官談話」では、日米安全保障条約の観点から米軍向けの武器技術供与を緩和することを武器輸出三原則の例外とされた。

二〇〇五年には、小泉内閣の官房長官談話として、アメリカとの弾道ミサイル防衛システムの共同開発・生産は三原則の対象外とすることが発表された。

その後も、インドネシアへの巡視艇供与、韓国軍への弾薬供与、欧米への猟銃・弾薬など小型武器の輸出も行っている。

2. 見直しの必要性とその法的根拠に関する分析

このように、武器輸出三原則は個別の例外規定によって緩和が図られてきた。しかし、以下の諸要因から、見直しが必須となってきた。

① 個々に例外化する方法では臨機応変な対応ができず、国際共同開発参加への障害とみなす見解も出され、

個別の例外規定を増やすのではなく、三原則を根本から見直すことが必要という指摘もあった。

② 主要装備は複雑高度化し、研究開発費、製造費も加速的に増加する傾向にあり、一国の研究開発・生産では限界があり、国際的な共同開発の必要性が高まるものと予想された。

なお、法的観点から見た見直しに必然性の分析について、森本正崇『武器輸出三原則入門――「神話」と実像――』（信山社、二〇〇八年）は、概要以下のように述べている。

① 憲法は武器輸出を禁じていない。

政府は、今回見直すことになった三木内閣当時の武器輸出三原則等について、政府は憲法の精神に則ったものと答弁している。九条の戦力不保持は、日本を対象にしたものであり、輸出先の国家の戦力不保持を何ら規定していない。もし言っているとすれば、内政干渉になる。

ただし憲法の精神に則り、「平和国家としてのわが国の立場から、それによって国際紛争を助長することを回避するため、政府としては、従来から慎重に対処してきた」との方針が示されている。

すなわち、武器輸出三原則は国際紛争の助長回避を目的とした政策の一つであり、武器輸出管理そのものが目的ではなく、そのような目的を達成するための手段と位置付けられる。

憲法解釈から直接、武器輸出の禁止あるいは管理が結論付けられるわけではない。憲法では職業選択の自由も学問の自由も保障されており、武器輸出という営業の自由も保障され、武器に関する研究開発などを行う学問の自由も保障されている。憲法は、基本的人権の制約を伴う武器輸出の全面禁止に否定的である。

軍事に対する忌避傾向によって、大学や研究機関の中には自衛官を研究員として受け入れることを拒否しているところもある。自衛官が自衛官という身分のせいで受け入れを拒否されているとすれば、ある種の差別ではないかと危惧される。

② 武器輸出管理は、外為法により管理されており、その下位に位置する。

武器輸出三原則は、外為法の運用方針と位置付けられ、外為法第四十八条によって許可の対象となっている、武器輸出の許可基準として運用されている。つまり、武器輸出三原則は外為法の下位に位置づけられている。したがって、武器輸出三原則は国是などではなく、憲法や外為法から見れば基本的人権を制約する「例外」である。

なお、外為法第一条では「対外取引の正常な発展並びに我が国又は国際社会の平和及び安全の維持を期し」と、その目的が明示されており、「国際紛争の助長を回避する」という、武器輸出三原則の目的と一貫している。

③ 三木内閣の政府統一見解における「慎む」とは、全面禁止を意味しない。

「慎む」ことは、「認めない」ことではない。「慎む」に当たらないと判断される場合には「慎む」必要はなく、武器輸出は許可される。原則禁止という「慎む」には、当然例外が内包されている。具体的には、武器輸出三原則の目的である国際紛争等の助長回避という目的に反しない場合には、「慎む」必要はないことになる。

したがって、「慎む」という言葉を禁止と解釈することはできないし、政府もそのように解釈してはいない。

武器輸出三原則は武器輸出を全面的に禁止しているという理解は誤りである。

3．新たな『防衛装備移転三原則』の意義

以上のような議論を踏まえて、二〇一三年十二月、二〇一三年十二月に策定された新たな「国家安全保障戦略」を踏まえ、「防衛装備移転三原則」及び「防衛装備移転三原則の運用指針」の改正が行なわれた。

『防衛装備移転三原則』では、冒頭に、「武器輸出三原則」見直しの必要性について、「共産圏諸国向けの場合は武器の輸出は認めないとするなど時代にそぐわないものとなっていた。また、武器輸出三原則の対象地域以外の地域についても武器の輸出を慎むものとした結果、実質的には全ての地域に対して輸出を認めないこととなったため、政府は、個別の必要性に応じて例外化措置を重ねてきた」と、その理由が要約されている。

また、防衛装備管理の方針事項として、次の「三原則」が謳われている。

「(前略) 我が国としては、国際連合憲章を遵守するとの平和国家としての基本理念及びこれまでの平和国家としての歩みを引き続き堅持しつつ、次の三つの原則に基づき防衛装備の海外移転の管理を行った上で、官民一体となって防衛装備の海外移転を進めることとする。また、武器製造関連設備の海外移転については、これまでと同様、防衛装備に準じて取り扱うものとする。

(1)移転を禁止する場合の明確化（第一原則）

防衛装備の海外への移転を禁止する場合を、①我が国が締結した条約その他の国際約束に基づく義務に違反する場合、②国連安保理の決議に基づく義務に違反する場合、又は③紛争当事国への移転となる場合とに明確化した。

(2) 移転を認め得る場合の限定並びに厳格審査及び情報公開（第二原則）

移転を認め得る場合を、①平和貢献・国際協力の積極的な推進に資する場合、又は②我が国の安全保障に資する場合などに限定し、透明性を確保しつつ、仕向先及び最終需要者の適切性や安全保障上の懸念の程度を厳格に審査することとした。また、重要な案件については国家安全保障会議で審議し、あわせて情報の公開を図ることとした。

(3) 目的外使用及び第三国移転にかかる適正管理の確保（第三原則）

防衛装備の海外移転に際しては、適正管理が確保される場合に限定し、原則として目的外使用及び第三国移転について我が国の事前同意を相手国政府に義務付けることとした。ただし、平和貢献・国際協力の積極的な推進のため適切と判断される場合、部品などを融通し合う国際的なシステムに参加する場合、部品などをライセンス元に納入する場合などにおいては、仕向先の管理体制の確認をもって適正な管理を確保することも可能とした」

以上の『防衛装備移転三原則』では、「官民一体となって防衛装備の海外移転を進めることとする」と、防衛装備移転推進方針を明確に打ち出している。この点は、これまでの抑制方針を一転させる、方針転換であった。

また、第一原則において、従来の武器輸出三原則に規定に準じて禁止する場合を明示するとともに、第二原則では移転を認め得る場合を、第三原則では、目的外使用及び第三国移転の適正管理について明示している。

特に、平和貢献・国際協力の推進及び我が国の安全保障に資する場合と、明確に国として認可の基本方針を明示した点は評価される。この規定は、極めて包括的な内容であり、解釈により適用可能な幅が広く、武器輸出可能な範囲が広がり、これまでの事実上の禁輸と解釈されかねない武器輸出三原則の規定から、武器輸出是認の方向に政策的に転換したと解釈できる。

また、第三原則についても、これまであいまいであった目的外使用や第三国移転の問題についても、原則として「我が国の事前同意を相手国政府に義務付ける」との留保条件を明示しつつ、例外規定も列挙し、運用上の指針をより明確にしている。

このように政府が、技術移転を含む防衛装備移転について、推進方針を明確に打ち出し、移転を認め得る場合を明示した意義は大きい。これにより、我が国の武器輸出が国際標準並みに行える道が開かれたと言えよう。

4. 武器輸出の効用

武器輸出には、防衛産業基盤の強化につながるという直接的効果はもちろんだが、それだけではなく、以下のような多方面にわたる効用が期待できる。

① 防衛産業基盤の強化

武器輸出は生産調整が比較的に容易であり、防衛生産が過剰になった場合は輸出に回し、不足した場合は自国の防衛用に優先的に回すなど、生産調整の手段となりうる。その結果防衛産業のメーカーは安定した生産量を維持でき、長期見通しの下に生産設備拡大・技術者の養成などに先行投資ができ、産業の成長力が高まる。

また防衛産業は、関連する多数の下請けの中小企業群を抱えており、投資に対する乗数効果も大きく作用し、地方の中小企業を含めた成長、雇用の拡大、賃金の上昇などをもたらす。そのため、中小企業対策、地域振興にもつながる。

特に、欧米はウクライナ戦争でも明らかなように、欧米の製造業が空洞化し、信頼のおける防衛装備を必要数量産できる生産設備、技術者が不足している。この機会に我が国の優れた製造業の技術力、生産力を発揮して、新たな輸出市場を拡大するとともに、欧米の信頼できる同盟国としての地位を確保する一助にすることもできよう。

また、輸出を増加させることにより量産効果が期待でき、単価を下げることも可能になり、利益率も向上する。そのため、企業として採算をとることが容易になり、魅力的な事業分野となり、撤退企業が減り参入企業が増加するとともに、防衛専用の特殊な技術者、生産設備・機械などへの投資も維持確保も容易になる。その結果、全体としての防衛産業基盤が拡大強化される。

②両用品の民生分野への波及効果

現代の防衛装備も防衛技術も、その大半が両用品（軍民両用のデュアルユース）であり、その区別は困難であり、武器と民生品の区分も事実上無意味になっている。特に先端分野では、半導体、ＡＩ、量子技術、ドローンなど、大半が民生分野と防衛部門の境界はなく、重複している。

これら先端両用分野を中心に、防衛部門に、国がリスクをとり長期安定的に大規模投資を行えば、先端両用分野のイノベーションが起こりやすくなり、民生部門も含めた我が国の国際競争力の長期的強化と経済・技術の成長力につながる。

先端分野の研究開発はリスクが高い半面、巨額の資金、人材、設備に対する長期集中投資が必要不可欠であり、一企業や業界では国際競争に太刀打ちはできない。国としての長期的な構想の下に、将来技術を見通し、重点投資分野と育成技術を決定し、その分野の人材育成と研究開発・生産設備に戦略的に集中投資する必要がある。

そのために最も好適な分野が、先端技術の結集であるとともに、他国に遅れをとらないため、常に極限性能を追求しなければならない防衛装備の研究開発と生産部門である。

日本が失われた四十年とも言われるように、長期にわたり低成長、デフレ経済を続けてきた一つの要因として、成長力の欠如が挙げられる。

成長力欠如の一因は、防衛産業への大規模投資を抑制してきたことにある。他国では、防衛・軍需部門に国が、将来戦に必要とされる将来装備の研究開発、生産に大規模先行投資を行い、次世代のイノベーションを主導して、経済成長のけん引力としてきた。

防衛装備移転も、先端両用品のイノベーションの成果を国際貿易の場に拡大し、防衛生産・技術基盤強化の補完促進策として位置付けられねばならない。

③外交力に強力な梃子を与える。

ある国が、武器を特定の国から輸入することを決断するのは、当該国にとり、輸入先国との長期的な同盟・友好関係、少なくとも自国に敵対する国を支援する国になることはないとの、信頼関係を前提としているはずである。

逆に、自国の装備品・弾薬などを輸入先国からの輸入品に依存することになるため、輸入相手国の意向に反する外交政策は展開しにくくなる。

また平時から、当該国の政府の投資プロジェクトなどの受注において、経済・財政・技術支援、民間企業の進出・投資促進などの民生面での施策のほかに、当該国が必要としている武器の輸出を受注促進策として利用することもできる。

武器輸出が、その国の国際的な影響力拡大の手段として利用されているのが、国際社会の現実であり、武器市場の競争は激烈である。国を挙げた武器の売り込み競争が世界的に繰り広げられている。このような趨勢が、「国際紛争を助長」することにもなりかねない事態を招いているのも事実である。

しかしながら、「防衛装備移転策原則」の趣旨に則り、我が国にとり望ましい国際秩序を維持し、我が国の安全保障に資するのであれば、防衛装備移転、武器輸出は認められる。逆に、我が国と国際社会の好ましい秩序が危機に瀕しているような場合に、危機に晒されている国に対し、火急的に必要とされている装備・弾薬等を輸出するのは、外交的には、直接的な部隊派遣に次ぐ、緊要な支援であり、危機に瀕している国にとり最大の友好の証になるとも言えよう。

そのような視点から見れば、紛争当事国に防衛装備の移転をしないという方針は、一律に正しいとは言えない。ウクライナ戦争においても、我が国はウクライナに、防弾チョッキ、ヘルメットなどから偵察用ドローンまで輸出している。また、米国の要請に応じＰＡＣ３を国内でライセンス生産し米国に輸出している。

④　先端技術の育成

現代の防衛装備は先端技術の塊であり、国家安全保障という死活的国益を賭けて、常に極限性能を追求しなければならない。このため、先端技術力の育成強化分野として、最適の条件を満たしている。

また前述したように、現代の先端分野は大半が両用品であり、技術も同様であり、軍用民用の区分は事実上困難である。逆に軍民双方の技術は一体であり、相互の波及効果は大きい。特に、宇宙、電磁波、サイバーなどの新領域では、民間に優れた人材、技術、最先端設備などが集中しており、中国で軍民融合が重視され、戦略支援部隊が創られたように、防衛と民生の技術開発の融合は世界的な趨勢になっている。また先端技術分野は、基礎研究段階から多額の資金、人材、特殊技術の結集が必要であり、必ずしも成果につながらないことも多く、リスクが大きい。そのため、民間の一事業者、研究機関などではリスクを負うことも、資金や人材を確保することもできない。

この点で、国家安全保障のための研究開発分野の特性を活かし、国が多額の研究開発予算を組み、リスクを担保しつつ、必要な資金を研究機関などに配分することが、不可欠である。

⑤　機微情報の入手

防衛に関連する研究開発では、極限性能を追求するため、秘匿度の高い先端的な機微技術を扱うことが多い。このため、防衛装備の研究開発では、世界に先駆けるような発見・発明がなされ、それがイノベーションにつながることが多い。

原子力エネルギーの利用、弾道ミサイルとジェットエンジンの発明、コンピューターの開発、インターネットの発明もすべて軍用目的から派生した革新技術である。今後も、革新技術は軍事目的の研究開発から生まれてくる可能性が高いとみるべきであろう。

その意味では、軍事研究開発に関連する機微情報には、他に替え難い価値がある。特に戦場という極限状況の中で性能を試される武器の場合、他のいかなる生産よりも過酷な実地でのテストが行われると言っても過言ではない。

我が国の防衛装備移転三原則には、紛争当事国には防衛装備を移転しないとの原則があるため、戦場で直接性能を試験する機会はほとんどない。ただし、ウクライナ戦争でのドローンなどの輸出にも見られるように、戦場での実地の性能確認の場も今後出てくるとみられる。

武器輸出をしようとしても、戦場で使われたことない武器には究極的な性能への信頼性は保証できないため、信頼性に限界が伴う。

国の政策として紛争を助長することを回避するとの武器輸出管理の原則がある以上、止むを得ないが、他方で我が国の安全保障に資するなどの防衛装備移転三原則の方針もあり、ウクライナ戦争での防衛装備輸出を契機に、戦場での性能発揮の実績を把握し、今後の研究開発に反映することも必要になるであろう。

5. 各国の武器輸出の実績と今後の日本の可能性

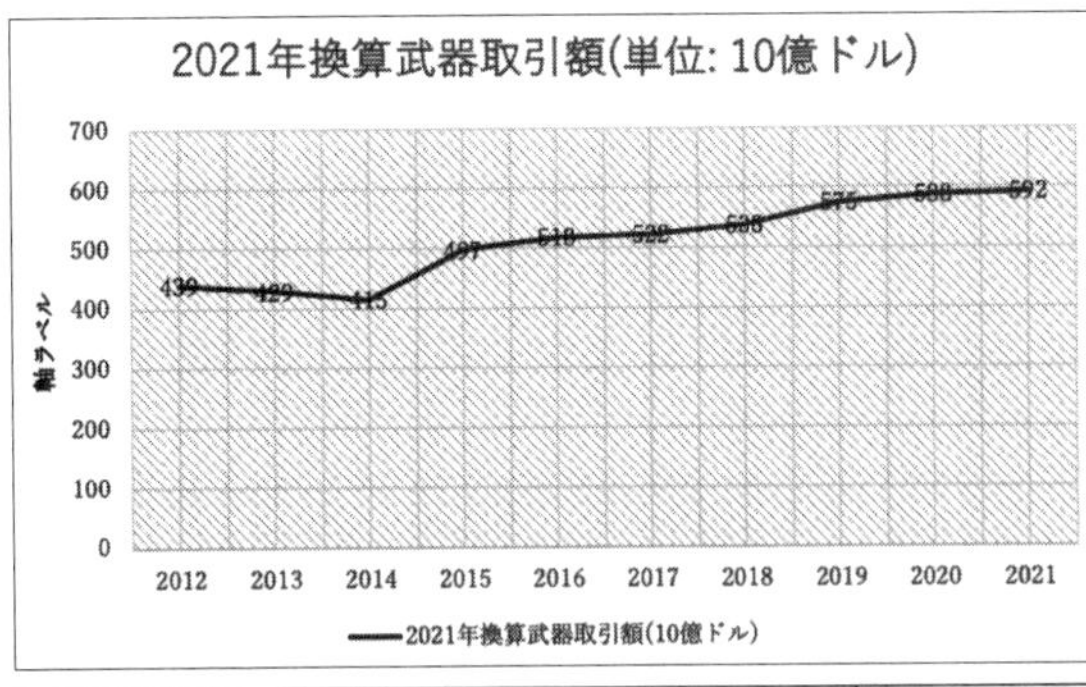

売上高順位	国名	売上高	会社数	会社売上高比率
1	米国	299.18	40	51%
2	中国	109.14	8	18%
3	英国	40.443	8	6.8%
4	フランス	28.75	5	4.9%
5	ロシア	17.77	6	3.0%
6	イタリア	16.85	2	2.8%
7	イスラエル	11.63	3	2.0%
8	ドイツ	9.32	4	1.6%
9	日本	9.03	4	1.5%
10	韓国	7.18	4	1.2%
総計		592.06	100	

このように様々の効用のある武器輸出に、世界各国は鎬をけずっている。『SIPRI YEARBOOK 2023』によれば、近年の武器取引額は上図のように漸増傾向にある。

なお同書データによれば、各国の武器売上高の二〇二一年の金額（単位：十億ドル）とその順位、百位以内の会社数とその世界全体の売上高に占める比率は、上の通りである。

「武器輸出三原則」があるはずの日本が九位にランクインしているのは、猟銃や弾薬など、非軍事目的の小型武器を輸出しているからだ。

この表から見る限り、二〇二一年時点で世界の武器売却額上位百社のうち、日本は四社、比率にして約一・五パーセントを占めている。将来的には六社のロシアに次ぐ、現在のイタリア（二社のみ）並み以上の販売比率を確保できる可能性もあり、その総額は年間千七百億ドル程度にはなれる潜在力があると見積もられる。

『フォーブス・ジャパン』（二〇二二年十一月十二日）によれば、ポーランドは二〇二二年夏、八八億ドル相当の取引で韓国から戦車や自走砲、攻撃機を購入することに合意した。両国はその前週にロケットランチャーについても三六億ドルの契約に合意した。SIPRIのデータによると、韓国の武器輸出額は二〇〇〇年に世界三一位だったが、二〇一七年から二〇二一年までの期間に八位まで上昇した。尹錫悦（ユン・ソンニョル）大統領は、世界の武器販売の主要四カ国の一つになるという目標を掲げている。

このような韓国などの諸外国の武器輸出に対する国を挙げた努力の成果からみて、日本が国を挙げた武器輸出努力をすれば、少なくとも潜在的な防衛産業力の比率から判断しても、世界十位以内に入ることは可能であろう。

ちなみに、ドイツの防衛産業大手企業は日本とほぼ同等規模だが、世界六位の武器輸出大国になっている。ドイツの場合はNATO諸国への輸出が主であるが、日本も東南アジア、インド等を輸出対象国として、今後同等程度の輸出拡大をする潜在力はあるとみるべきであろう。

今後、武器輸出・防衛装備移転の販路拡大、輸出拡大の努力を行うことにより、日本国内の防衛生産・技術基盤の強化を図るとともに、先端産業分野への長期安定投資による技術革新を促せば、国内経済の活性化、特に中小企業や地方の雇用の拡大、国全体としての成長力・技術力の拡大にもつながる。

さらに、国際共同開発なども併用することにより、我が国の国際的な外交的影響力の拡大、同盟国・友好国との信頼関係の強化にもつながるであろう。今後の国を挙げた施策の推進が望まれる。

プロフィール

著者：矢野義昭

1950年大阪生まれ。1972年京都大学工学部卒。1974年同文学部卒。同年、陸上自衛隊幹部候補生学校入校、第六普通科連隊連隊長兼美幌駐屯地司令、第一師団副師団長兼練間駐屯地司令等歴任、小平学校副校長をもって退官(陸将補)。現在、岐阜女子大学特別客員教授、日本安全保障フォーラム会長、日本国史学会理事、防衛法学会理事、国際歴史論戦研究所上席研究員、拓殖大学博士(安全保障)。専門は核抑止論、情報戦。第十六回「真の近現代史観」懸賞論文最優秀藤誠志賞受賞。著書に、『日本の領土があぶない』(ぎょうせい)、『軍拡中国に対処する』『世界が隠蔽した日本の核実験成功』『核拡散時代に日本が生き延びる道』、『核抑止の理論と歴史―拡大抑止の信頼性を焦点に』(いずれも勉誠出版)など。

企画：林弘明

1947年、神奈川県生まれ。株式会社ハート財産パートナーズ代表取締役。不動産実業家としての傍ら、国防活動家としても活動している。尖閣諸島を守る会　会長、(一財)日本安全保障フォーラム(会長:矢野義昭)顧問、(公財)日本国防協会(理事長:岡部俊哉)評議員、(一社)防人と歩む会(会長:葛城奈海)顧問、自衛官募集相談員、紺綬褒章(令和5年11月29日受勲)。

編集：松田小牧

防衛大学校卒業後、株式会社時事通信社で記者として勤務。フリーランスのライターを経て株式会社月待舎を設立。

日本の真の国防4条件　2025年2月26日初版発行

著者◆矢野 義昭

企画◆林 弘明

発行者◆松田 小牧

発行所◆株式会社月待舎

〒658-0064 兵庫県神戸市東灘区鴨子ヶ原3-28-3 ビバアルファ201

ブックデザイン◆井上 もえ（デザインはれのひ）

表紙イラスト◆Public Domain by Edward L. Cooper

印刷・製本◆シナノ書籍印刷株式会社

ISBN 978-4-911390-01-6